CONTENTS

目　次

JN095128

まるまる！
マシンビジョンカメラ 入門
ゼロから学ぶ "基礎の基礎"

序論 －はじめに－

マシンビジョンカメラとは

パソコンと接続することが前提となるマシンビジョンカメラでは、TV標準カメラとは異なる各種の機能が盛り込まれている。非同期リセット、部分走査、プログラマブル機能などである。これらについて説明することにより、マシンビジョンカメラとはどのようなものかを解説する。

1. マシンビジョンカメラとは

マシンビジョンカメラとは、工場のラインで人間の検査者が行う目視検査の代わりに、各種製品（半導体チップ、液晶関連部品、自動車部品、医薬品など）をコンピュータやデジタル入出力機器とともに検査するための画像入力用カメラである。

したがって、すべてのビデオカメラはマシンビジョンカメラになりうる。近年、TV標準規格から外れた非標準のカメラが豊富に出回り、これらのカメラはコンピュータとの接続が容易であり、解像度が高く、秒間のフレーム数も多く、カメラ内部で画像の加工もできるものもある。このようなカメラがマシンビジョンカメラとして採用されている。

また、ラインセンサも撮像素子が横一列（カラーの場合は3列）というだけで光学構造もほぼ同じであり、出力インタフェイスにおいても、CameraLink、GigEなどが採用され、高解像の画像入力カメラとして使用される。撮像素子と垂直方向に被写体を移動させると水平7,500画素、または8,000画素（垂直は自由）の高精細な

面画像が得られる。最近では16,000（16k）画素も出てきている。

これらは、ラインセンサカメラともいわれ、マシンビジョンカメラの1つといってもよい。

詳細な解説は次章以降に譲るとして、マシンビジョンカメラには次に挙げるような機能が備わっている。

2. マシンビジョンカメラの分類

2.1 撮像素子構造による分類

マシンビジョンカメラに使われる撮像素子は、主としてCCD（Charge Coupled Device）イメージセンサとCMOS（Complementary Metal Oxide Semiconductor）イメージセンサの2種がある。

CCDイメージセンサは感度、多画素（メガピクセル）、一画面同時にシャッタを切るグローバルシャッタに優れており、CMOSイメージセンサは低消費電力、低駆動電圧、スミア、同一センサチップ上に信号処理回路を組み込めるオンチップ信号処理、高速読出し、一部の画素のみを読み出す部分読出しが可能などの特徴をもっている[1]。

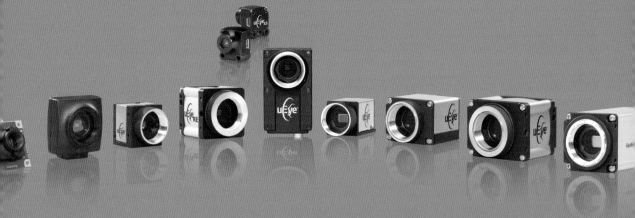

SONY
make.believe

2/3型 283万画素白黒Full HD出力
GigE Vision インターフェース
XCG-H280E NEW

XCG-H280Eは、1000BASE-Tインターフェースを採用。GigE Vision(Ver.1.2)に準拠し、非圧縮画像をLANケーブルにより高効率で伝送することができる、白黒デジタルビデオカメラモジュールです。近赤外領域にも感度がある"EXview HAD CCD II"を採用し、Full HD出力対応、32fpsの画像取得ができ、暗視下の環境でも高速に移動する物体を捉える事が可能です。外部トリガー入力端子、ストロボ用出力端子も装備し、屋外での監視用途にもご検討いただけるカメラです。

特長
- ■高精細で高速な画像取得
  - 32fps(1,920×1,080(default設定時))
  - 26fps(1,920×1,440(フル解像度時))
- ■読み出しモード：ノーマル/ビニング/部分読み出し
- ■トリガー機能：バルクトリガー/シーケンシャルトリガー/トリガーディレイ
- ■近赤外領域対応
- ■出力ビット長切り替え：8bit/10bit/12bit出力選択可能。
- ■フレームレート制御
- ■2値化
- ■イメージバッファ(メモリーショット)機能搭載
- ■温度読み出しモード搭載
- ■外形寸法：50(W)×50(H)×57.5(D)mm, 質量：約200g

1/3型 PS Global Shutter 機能付き
CMOSセンサー搭載 IEEE1394インターフェース
XCD-MV6

XCD-MV6は、1/3型 PS CMOSを搭載し、Cマウントレンズ対応ながら奥行き19mmの薄さを実現した小型カメラモジュールです。この小さな筐体は、限られたスペースへの取り付けを可能にします。IFは1.6Gbpsのデータ転送が可能な、IEEE1394b-2002規格を採用。デジタルカメラならではの充実した機能を搭載し、IEEE1394の能力を最大限に発揮するIIDC1.32プロトコルに準拠したカメラです。

特長
- ■映像出力：60fps
  - ・VGA(640(H)×480(V))　・WVGA(752(H)×480(V))
- ■1.6Gbpsの高速伝送
  - 「S1600」(1600Mbps)/「S800」(800Mbps)
- ■デジタル信号処理 ソニー独自の補正機能搭載
  - ・CMOS特有の縦筋補正 ・画素欠陥補正 ・シェーディング補正
- ■コマンドのブロードキャスト配信
- ■バス同期
- ■メモリーチャンネル　■部分読み出し機能　■擬似ビニング
- ■IIDC Ver.1.32プロトコル準拠

■メモリーショット

		XCD-MV6
標準画像サイズ(H×V)		640×480(VGA)
ビット長	Mono8	最大100フレーム
	Mono16	最大100フレーム

- ■ネジ固定式コネクター：IEEE1394コネクター(ベータ)、8ピンコネクター
- ■低消費電力、耐振動・耐衝撃性構造、小型サイズ
- ■外形寸法：29(W)×29(H)×19(D)mm (突起物含まず)、質量37g

ソニー株式会社

〒243-0014　神奈川県厚木市旭町4-14-1　TEL(046)202-8594　FAX(046)202-6780　http://www.sony.co.jp/ISPJ/

2.2 カメラの出力インタフェイスによる分類

マシンビジョンカメラの出力インタフェイスは数種類あり、マシンビジョンエンジニアは用途に応じて、適したインタフェイス様式を選択している。

(1) CameraLinkインタフェイス

送・受信が可能なインタフェイスで画像データ、画素クロック、水平・垂直同期タイミング、ストロボタイミングを出力し、非同期リセット信号やカメラコントロール信号を受け入れる。また、RS644に相当するシリアル通信も可能である。

ケーブルは10mまで可能で高いデータ転送能力をもっている。フレームグラバも揃っていることから、現在のマシンビジョン用途として最も適したインタフェイスといえる[2]。

スタンダードカメラリンクには電源供給機能はなく、カメラには別のコネクタから電源を供給しなければならないが、同一コネクタから電源供給が可能な「PoCLミニカメラリンク規格」も生まれている。これによりカメラを小型にすることができ、現在ではこちらが主流になってきている(**写真1**)。

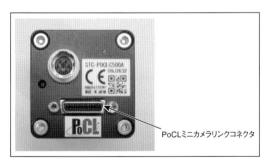

写真1　PoCLミニカメラリンクコネクタ

(2) USB(Universal Serial Bus) インタフェイス

USBインタフェイス規格を搭載したマシンビジョンカメラも数多く出ている。最大の利点はフレームグラバボードを用いることなくカメラ出力画像をパソコンに取り込めることにある。

USB2.0規格が主流であるが、近年、最大データ転送速度がUSB2.0に比べ10倍速い、USB3.0規格(最大データ転送速度4.8Gbps)も採用され始めている。

従来、USB2.0インタフェイスをマシンビジョンカメラとして使用する場合、以下のような難点があったが、現在はケーブル長を除いて解消されてきている。

a) 使用可能なケーブル長はUSB2.0で5m、USB3.0で3mと短い。
b) コネクタに抜け防止のロック機能がない。

USBは基本的にコネクタが抜ける構造になっているが、マシンビジョンにおいてこれは弱点ともいえる。しかし、ネジ付USBケーブル(**写真2**)やネジ付ミニUSBコネクタを使用したカメラ(**写真3**)も出ており、パソコン側でケーブルを固定するなどすればこの弱点は補える。

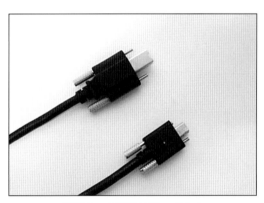

写真2　ネジ付USBコネクタ

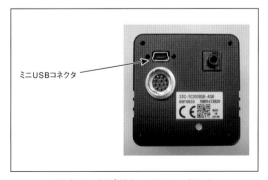

写真3　ネジ付ミニUSBコネクタ

c）コンピュータへの依存度が大きい。

マシンビジョンカメラは非圧縮で全画素出力するため画像データ量が膨大になる。そのため処理スピードの遅いパソコンや、画像データ取込中に他のソフトが優先して動いたりすると、画像データが途中で消えたり、取りこぼしなどが起こりうる。

最近のパソコンはデータ転送速度が速く、カメラにも画素読出し待機機能をもたせたりしている。なおかつ、転送速度の早いUSB3.0に至っては、このような問題は考えなくてよい。

(3) GigE（Gigabit Ethernet）Vision インタフェイス

データ伝送速度が1,000Mbpsと早いため、画像処理用途に使用でき、マシンビジョンカメラに採用されている（**写真4**）。

また、LANケーブルから電源を供給できる「パワープラスGigE」カメラもある。

ケーブル長は100mまで伸ばすことができ、メガピクセルカメラの全画素データを高速に送ることができるため、自動車ナンバーの読み取りや工場内カメラの集中管理などに適している。また、ネットワーク接続が可能で、フレームグラバが簡素化できる。

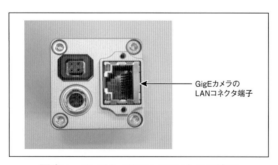

写真4　GigEカメラのLANコネクタ端子

(4) IEEE1394（FireWire）インタフェイス

マルチメディアに適したインタフェイスであるため、非同期リセットや各種画素数への対応など柔軟性に欠ける。また、コネクタの強度もFA用途では不足している。

しかし、標準カメラを用いて画像処理を行う用途では、フレームグラバを必要としないため、コストダウンが図れるというメリットがある。

3.　マシンビジョンカメラの機能

マシンビジョンカメラはテレビ標準の枠にとらわれないため、各カメラメーカによってそれぞれ工夫された機能が搭載されている。その中で、マシンビジョンカメラに必要な共通した機能について説明する。

3.1　プログレッシブ走査と画素数

標準カメラはインタレース走査が行われるため、1フレームの垂直解像度は全画素の1/2に落ちるが、マシンビジョンカメラは撮像素子全画素を順次走査するプログレッシブ走査が行われる。1フレームの画素はすべて有効で、解像度の高い画像を得ることができる。

マシンビジョンカメラの画素数は次のようなものが一般的である。**表1**に代表的な画素数をまとめる。

CCDカメラでは、VGA（33万画素）、XGA（80万画素）、SXGA（145万画素）、UXGA（200万画素）、5M（500万画素）、11M（1,100万画素）。

CMOSカメラでは、上記のほかに4M（400万画素）、12M（1,200万画素）などである。

CCDカメラでは5M（16fps）までが汎用実用範囲で、11Mでは5fpsとフレームレートが遅く、価格も高いことからあまり普及していない。これに対しCMOSカメラは4Mで180fps、12Mで60fpsとフレームレートが高く、価格も手ごろなため、今後に期待ができるカメラといえる。

3.2　電子シャッタ機能

電子シャッタ機能は民生用カメラにも搭載されているが、マシンビジョンカメラの場合は、シャッタ時間を外部からコントロールできるようになっている。ここが民生用と異なる点である。

カメラ内部でプリセットされているシャッタ

表1　マシンビジョンにおける代表的な画素数

CCD		CMOS	
VGA	（33万画素）	VGA	（33万画素）
XGA	（80万画素）	XGA	（80万画素）
SXGA	（145万画素）	SXGA	（145万画素）
UXGA	（200万画素）	UXGA	（200万画素）
5M	（500万画素）	4M	（400万画素）
11M	（1,100万画素）	5M	（500万画素）
		12M	（1,200万画素）

時間を選択する使い方と、外部から必要に応じてシャッタ時間を決める使い方がある。

3.3　外部トリガ機能

外部よりパルス信号を入力し、そのタイミングで露光を開始する「非同期リセット」がマシンビジョンカメラには必要である。

高速で動いている被写体を撮像素子の中央で捉えたい場合、V（垂直）同期期間の途中であっても外部からトリガパルスを加えるが、この時、カメラは走査途中の画像を一旦削除し、新たなタイミングで撮像を開始する。この動作が非同期リセットである。

カメラは外部トリガを受け入れたタイミングで、設定されたシャッタ時間だけ露光を開始する。

そのほかに、外部トリガのパルス幅期間だけ露光する設定や、2個のパルス間隔時間、露光する設定などがある。

3.4　映像出力

出力画像のコントラストの段階を表す「諧調」の選択ができる。通常8bitで使われることが多いが、中間色のレベルが必要な場合は10bit、12bitなどが使用される。

3.5　部分走査（Partial Scan）

CCDカメラの場合は、連続した一部の水平走査線のみを部分読み出しすることができる。不要な走査線は吐き捨てるので、1フレームに要する時間は短くなり、フレームレートはアップする。

CMOSカメラの場合は、縦横一部のエリア（ウインドウ）のみを読み出すことができるので、走査時間はさらに早くなる。

高画素CMOSカメラでは、広い撮像範囲の中で必要なエリアのみを切り出し、画像処理を早く済ませる手法がとられる。

3.6　ガンマ特性

明るさと出力電圧の比を表す「ガンマ特性」を変えることができる。ガンマ値は通常1（明るさと出力電圧が正比例）にセットされているが、この値を変えて暗い部分を明るく強調することなどが行われる。

3.7　FPGA（Field Programmable Gate Array）

ユーザ側に開放したFPGAを搭載したマシンビジョンカメラもある。上記以外の機能をユーザサイドで構築したい時に、プログラマブルに機能アップができる。

たとえば、フレームメモリを構築したり、画像処理の前処理を行ったりすることで、コンピュータへの負担を軽くすることができる。

4．マシンビジョンカメラのメカ構造

従来の流れから、三脚ネジ穴が設けられているマシンビジョンカメラが多い。三脚ネジはインチネジになっているため、架台などに取り付

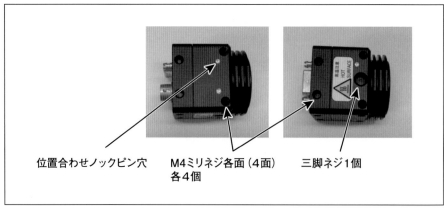

位置合わせノックピン穴　　M4ミリネジ各面（4面）　　三脚ネジ1個
　　　　　　　　　　　　　各4個

写真5　マシンビジョンカメラの工夫

ける際、身近にネジがないなど不便なことが多い。そのため、カメラ筐体にはM4などのミリネジタップを多く設けている。

　さらに、マシンビジョン用途では、カメラ単体を90°や180°回転させて取り付けることもあり、どのような姿勢で取り付けても、撮像素子のセンターは保たれるように工夫されているカメラなどがある（**写真5**）。

5. おわりに

　今や、マシンビジョンカメラは豊富に種類が揃っている。また、OEMなどでユーザ独自の機能をもたせた設計対応をしているカメラメーカもあり、TV標準規格からは益々離れていっ

ている。今後は画像処理の一部をカメラの機能に取り入れるなど、単に撮影画像を出力するだけでなく、インテリジェント化が進むことは間違いない。カメラ、コンピュータ、画像処理ソフトの機能を如何に一体化して行くか？　ということが今後のキーとなるのではないだろうか。

📖 **参考文献**
1）越智：イメージセンサのすべて，工業調査会 第1刷．pp21-23, 2008
2）堀：産業用カメラインタフェイスを極める．映像情報インダストリアル．pp31-36, 2001

1章
イメージセンサ

マシンビジョンカメラに使われているイメージセンサは、ほとんどが CCD と CMOS イメージセンサである。それぞれに長所、短所があり、マシンビジョンエンジニアは用途に応じて選択して使っている。ここでは、カメラのもっている性能を正しく理解することを目的に、各イメージセンサの動作と特徴をマシンビジョンカメラに特化して解説する。

1. CCD(Charge Coupled Device)イメージセンサとは

CCDイメージセンサ(**写真1**)は、フォト・ダイオード、CCD転送部、出力アンプで構成され、光電変換、電荷の蓄積、電荷の転送、電気信号の出力という動作をする。

つまり、Si(シリコン)などの半導体は光を受けると、その量に比例して受けた光を電荷に変換する。光を電荷に変換する「光電変換」と、

その電荷をためる「電荷の蓄積」をフォト・ダイオードが行い、電荷を送る「電荷の転送」は垂直CCDと水平CCDで行う。こうして集められた電荷は電気信号として出力される[1]。

1.1 光電変換

撮像面に光が当たると、光の強さに応じて電荷(電子)が発生する。固体の中に存在する電子は光からのエネルギーを受け取り、固体に電圧を加えることによってその電子は自由に動きだす。

1.2 電荷の蓄積

この電子はフォト・ダイオードの中で形成されたMOSキャパシタに蓄積される。

1.3 電荷の転送

複数のMOSキャパシタの電極に異なった位相のパルス電圧を加え、電極の並びにしたがってパルスの位相を制御すると、キャパシタに形成されている電位の井戸は並びにしたがって移動する。つまり、MOSキャパシタに蓄積した電子は転送される。

この機能がCCDにおける電荷の転送であり、CCDイメージセンサと言われるゆえんである。

写真1 CCDイメージセンサ

2次元イメージセンサでは、垂直CCDと水平CCDで転送され撮影画像が形成される。

1.4　電気信号の出力

水平CCDにより転送された電気信号は、出力アンプで増幅され、映像信号として取り出される。

2. CMOS(Complementary Metal Oxide Semiconductor) イメージセンサとは

CMOSイメージセンサ(**写真2**)は、フォト・ダイオード、画素信号アンプ、画素選択用MOSトランジスタで構成されていて、画素から信号を取り出す方式がCCDイメージセンサと異なる。

つまり、フォト・ダイオードで光電変換された電子は各画素に設けられたアンプにより増幅され、垂直・水平走査回路にて画素選択されて

1画素ずつ信号として出力される。

各画素は電気的に独立し、配線によって接続されており、画素配列に関係なく必要なエリアをスイッチで選択できる(**図1**)。

また、CMOSイメージセンサはCMOS LSIの

写真2　CMOSイメージセンサ

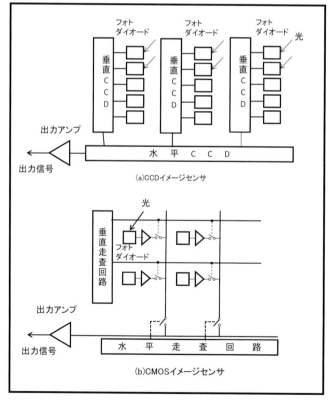

図1　イメージセンサ

製造プロセスで作られるため、同一チップ上に
A/Dコンバータ、カメラ信号処理、タイミング
発生回路、画像処理回路などを組み込むことが
でき、高機能をもった小型ワンチップカメラ（ま
たは、2次元センサ）などを作ることができる。

3. イメージセンサの動作

3.1 CCDイメージセンサの動作

　CCDイメージセンサで最も多く使われてお
り、マシンビジョンカメラでも採用されている
インターライン転送方式について説明する。

　この方式は、フォト・ダイオードで光電変換
と蓄積をし、遮光された垂直CCDで転送を行
う方式である。つまり、フォト・ダイオードで
一定期間の光電変換と蓄積が行われた電荷はす
べての画素が垂直ブランキング期間に垂直
CCDへ読出され転送される。

　垂直CCDへ読み出された電荷は、水平ブラ
ンキング期間に1ライン分が水平CCDに転送さ
れる。

　水平CCDへ転送された1ライン分の電荷は、
1画素ずつ出力アンプで増幅され出力される。
そして、1ライン分が水平CCDに転送されると

同時に、フォト・ダイオードでは次の画像の光
電変換が行われている[1]（**図2**）。

　こうして、転送された信号を画像として取り
出すために、走査という方法が行われる。飛び
越し走査にフレーム読出しとフィールド読出し
があり、順次走査に全画素読出しがある。全画
素読出しはプログレッシブ走査といわれる。す
べての画素を1ラインずつ全ライン順次読み出
す方式で、マシンビジョンカメラはこの方式が
取られている[2]。

　全画素読出し方式では、水平CCDの転送周
波数を高くする必要があり、そのため水平CCD
を2本設け、転送劣化を防いでいる（**図3**）。

　また、5M CCDイメージセンサのように高画
素のイメージセンサでは、撮像領域を2つに分
け、各々に水平CCDを設け出力している。こ
れは2線読出しと言いフレームレートが2倍に
あがり、5Mであっても15フレーム／秒得られ
ている（**図4**）。

3.2 CMOSイメージセンサの動作

　CMOSイメージセンサは、CCDイメージセ
ンサのような転送回路はない。各フォト・ダイ
オードで光電変換された電荷はアンプで増幅さ
れ、垂直走査回路と水平走査回路により、第1

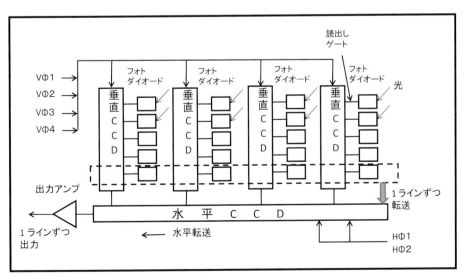

図2　インターライン転送

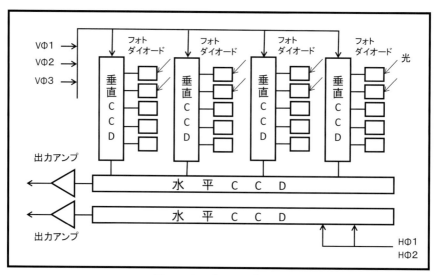

図3　プログレッシブ走査

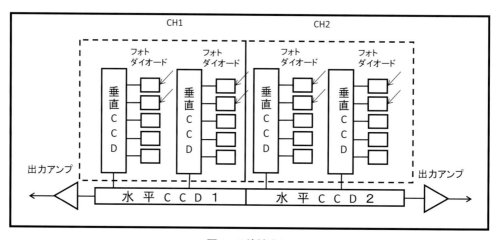

図4　2線読出し

ラインの第1個目の画素から順次シリーズにスイッチONして行く。最後の画素に達するとまた、最初の1ライン目、第1画素へ戻る動作をして1枚の画像を作り出す。

　また、垂直・水平走査回路にて画像の中の必要なエリア画素のみを選択し、画像として不要な画素をジャンプすれば、1フレームの出画時間を短縮できる大きな利点がある（パーシャルスキャン）。

　CMOSイメージセンサは高速スキャンが可能で、4M（400万画素）CMOSカメラでは、フルスキャンで最大340フレーム／秒を達成している。

　CMOSラインセンサでは、1ラインのフォト・ダイオード列と水平走査回路のみと考えればよい。

　CMOSラインセンサは8K（8,000画素）、16K（16,000画素）などの高画素のものが作られている。走査時間を早くするために画素列を8分割し、一斉に並列走査することで1走査時間35kHzを達成している（**写真3**）（**図5**）。

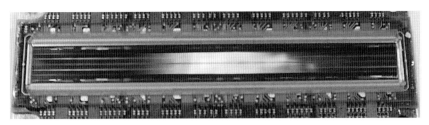

写真3　CMOSラインスキャンイメージセンサ

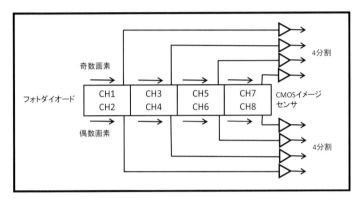

図5　高画素・高速CMOSイメージセンサ

4. 各イメージセンサの長所・短所[3]

CCDイメージセンサとCMOSイメージセンサを比較しながら、各々長所と短所をあげる。

• スミア

CCDは電荷をそのまま転送するのでスミアの影響を受けやすい。

CMOSはアンプで増幅された画素出力のため信号伝達経路でのノイズは少ない。

つまり、スミアに関してはCMOSが有利である。

• 感　度

CCDの方が高い。CMOSは信号を取り出す回路のノイズが大きく、低感度である。

しかし、最近ではCCDの構造を取り入れ低ノイズ高感度化が進んでいる。

• ダイナミックレンジ

CCDは取り扱い電荷量が少ないので上限が制限される。CMOSはノイズレベルが大きいので下限が制限されるが、一般にはCMOSの方がダイナミックレンジは大きい。

• 電　源

CCDでは複数の電源が必要なのに対し、CMOSは1個の電源で動作し消費電力も少なくてよいため、CMOSの方が有利である。

• グローバルシャッタ

CCDは1ライン同一蓄積、同一転送を行うため画素間による出力時間のずれは起きないが、CMOSは走査時間のずれが画素出力に現れるので、出力画像にひずみができる。

• 高速度撮影

CMOSの方が、高速スキャンができる。部分

走査（パーシャルスキャン）も画素単位ででき、高速読出しが可能である。

● オンチップ信号処理

　CMOSは同一チップ上にADコンバータなどの回路を組み込むことができるため、圧倒的に有利である。

● 画素寸法

　CMOSは各画素にアンプなどの回路を含むため、CCDに比べて小さくできない。

5. イメージセンサの今後の展開

　マシンビジョンに関していえば、高画素、高速読出しが望まれている。広視野における高速部分読出しや、少数ラインの走査による高速読出しなどの使い方が行われている。

　このような機能はCMOSイメージセンサが得意とするところであるが、今のところ12M（1,200万画素）カメラのような高画素CMOSイメージセンサでは、画質のよいイメージセンサを安定して製造することが困難なようである。しかしながら、CMOSイメージセンサは技術の進歩が盛んであり年々短所が解消されているため、今後の技術の進歩に期待したいところだ。

　また、CMOSイメージセンサのグローバルシャッタ機能の高性能化も待たれるところである。

📖 参考文献

1）米本　CCD/CMOSイメージ・センサの基礎と応用　CQ出版社　pp35-67、70-72
2）ソニー CCDデータブック
3）越智　イメージセンサのすべて　工業調査会　2008.10.14第1刷　pp21-23

2章
カメラの種類

画像計測・検査システムを構築する上で、カメラというものは非常に重要なパーツのひとつであり、カメラ選択がシステム設計のキーポイントとなる。
しかしながら、一言でカメラといってもその分類は多岐にわたり豊富にあるので、どのような分類項目があるか列挙する。

- **カメラ本体**
  エリアセンサカメラ、ラインセンサカメラ

- **撮像素子の種類**
  CCD、CMOS

- **撮像素子サイズ**
  1、2/3、1/2、1/3、1/4 インチなど

- **セルサイズ**
  $7.4 \times 7.4 \mu m$ など

- **有効画素数**
  エリアセンサカメラ：640×480（0.3M Pixel）〜 $4,872 \times 3,248$（16M Pixel）
  ラインセンサカメラ：$1,024 \times 1$ 〜 $16,000 \times 1$ Pixel

- **信号形式**
  アナログ：テレビフォーマット、ノンテレビフォーマット（倍速カメラなど）
  デジタル：LVDS、CameraLink、IEEE1394、GigE など

- **レンズマウント**
  C マウント、CS マウント、一眼レフカメラマウント

このように、様々な種類のカメラの中から、計測・検査の内容を正しく理解し最適なものを選択しなければならない。
例として、竹中システム機器株式会社、FC350CL のカタログを示す（**図1**）。

仕様

撮 像 素 子	プログレッシブ走査、インターライン転送方式CCD　1/3インチサイズ、ユニットセルサイズ　7.4μm（H）×7.4μm（V）
有 効 画 素 数	640（H）×480（V）正方格子配列
読 出 し 走 査	水平走査周波数 f_H=103.9kHz、 垂直走査周波数 f_V=210Hz、 ピクセルクロック周波数 f_{CLK}=40.0MHz
標 準 感 度	400Lx　F16 （露光時間1/30秒にてデジタル出力512/1024階調出力時）
最 低 被 写 体 照 度	1.0 Lx　F 1.4
S ／ N	約50dB
外 部 同 期	内部同期専用
ビデオ出力信号	プログレッシブ走査：210フレーム/秒 デジタル出力：カメラリンク（Base Configuration）方式準拠 　　　　　　：10bit、階調（40MHz×2×10bit or 8bit出力）
電 子 シ ャ ッ タ	1/40000秒～1/210秒～2秒
ランダムシャッタ	プリセット固定シャッタ／パルス幅制御
走 査 モ ー ド	標準（全画素）／部分（中央部）／倍速（2ライン加算）
外 部 制 御	カメラリンクケーブル経由シリアルインターフェース
レ ン ズ マ ウ ン ト	Cマウント（フランジバック固定）
特 殊 機 能	画像出力への設定情報インポーズ機能 カメラ内部温度モニター機能 カメラID情報保存機能
電 源	DC12V±10%、350mA（max）
外 形 寸 法	46（W）×42（H）×60（L）mm（コネクタ・トリポット除く）
重 量	約150g

図1　カメラの仕様

1. エリアセンサカメラ

1.1　概 要

　エリアセンサカメラは、一般的に使用されるビデオカメラやデジタルカメラと同様に、セルが2次元に配列された撮像素子を用いているので、対象物を2次元の領域（エリア）の画面像として捉えることができる。略して「エリアカメラ」と呼ばれる。

　2000年頃までは、CCDカメラは、主に駅やコンビニエンスストアに使用される監視用か、家庭用のカムコーダに使用される用途が主流であったため、ここから転用されたCCDを使用した産業用カメラは640×480画素程度であった。また出力される信号は、テレビの信号フォーマットに則ったアナログ信号が出力されるものであったため、PC側にA/D変換器を搭載した画像取込ボードが必要であった。

　この時期以降については、民生機器としてのデジタルカメラが急速に普及するとともに、カメラ関係の電子部品の高性能化が進み、撮像素子も高画素のものが大量に安価に供給されるようになった。現在では、1,600万画素（4,872×3,248Pixel）のカメラというものも出現している。これは、640×480Pixelと比較して、画素数比で53.3倍もある（**図2**）（2011年11月現在）。

　また、1980年代以前の撮像部は真空管であったが、それ以降Solid State（半導体）化されて撮像素子＝CCD（Charge Coupled Device）に変わり、近年ではCMOS（Complementary Metal Oxide Semiconductor）で製造されるようになった。

1.2　素子サイズとレンズ選択

　撮像素子の高画素化が進み、素子の大型化も進んだことによって、従来のCマウントレンズでは対応できない撮像素子を採用したカメラ出始めてきている。画素数が、640×480～2,456×2,058画素のカメラは、素子サイズが1/3～2/3インチ

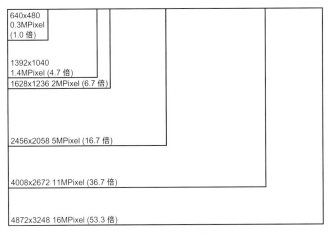

640x480
0.3MPixel
(1.0 倍)

1392x1040
1.4MPixel (4.7 倍)
1628x1236 2MPixel (6.7 倍)

2456x2058 5MPixel (16.7 倍)

4008x2672 11MPixel (36.7 倍)

4872x3248 16MPixel (53.3 倍)

図2　素子サイズの拡大化

表1　主なエリアCCDの仕様と対応レンズ

公称画素数	画素数(縦×横)	セルサイズ[μm]	素子サイズ	適用レンズ
30万画素	640×480	7.4×7.4	1/3インチ	Cマウントレンズ
140万画素	1,392×1,040	4.65×4.65	1/2インチ	Cマウントレンズ
200万画素	1,628×1,236	4.4×4.4	1/1.8インチ	Cマウントレンズ
500万画素	2,456×2,058	3.45×3.45	2/3インチ	Cマウントレンズ
1,100万画素	4,008×2,672	9.0×9.0	43.3mm	写真用レンズ
1,600万画素	4,872×3,248	7.4×7.4	43.3mm	写真用レンズ

2章 カメラの種類

であるため、豊富な種類のCマウントのレンズから適当なものを選択すればよい。しかし、これ以上の高画素の撮像素子は、そのサイズが大型なものになり、35mmフイルムフォーマット（36×24mm、対角43.3mm）と同じサイズの素子ばかりである。このため、一眼レフカメラ用のレンズを使用しなければならない（**表1**）。

1.3　長所・短所
＜長　所＞
1画面内に撮影された対象物の寸法や位置関係を正確に捉えることができる。

短い時間で画像を取得することが可能。

＜短　所＞
1画面内に検査対象が納まらないと、カメラ位置をずらして複数回撮影しなければならない。

このときの、カメラ位置のキャリブレーションと座標計算が煩雑になる。

1.4　撮像素子サイズとインチ
カメラのカタログなどを読んでいると、撮像素子の大きさを表す単位としてインチが用いられ、何分の何インチと表記されている。しかし、そこに表示されているmmサイズの大きさと、1インチ＝25.4mmから計算した値が一致しない。これは、CCD以前に使われていた撮像管という真空管に歴史がさかのぼる。

このころ、撮像管の直径が1インチのものがあり、通称名として「1インチ管」などといわれていた。しかし、その管の内部に構成された撮像部の大きさは対角16mmであった。つまり、1インチ管＝撮像部サイズ16mmと解釈されていたことに由来する（**表2**）。

この呼称が、CCDやCMOSに変わっても引き継がれているため、呼称と実サイズが合わないままになってしまっている。

表2　主なエリアCCDの対角長さ

撮像素子タイプ	撮像素子		
	幅[mm]	高さ[mm]	対角長さ[mm]
1/5インチ	2.9	2.2	3.6
1/4インチ	3.6	2.7	4.5
1/3インチ	4.8	3.6	6
1/2インチ	6.4	4.8	8
1/1.8インチ	7.1	5.3	8.9
2/3インチ	8.8	6.6	11
1インチ	12.8	9.6	16
フィルムサイズ	36	24	43.3

2. ラインセンサカメラ

2.1 概要

　ラインセンサカメラは、セルが一直線に並んでいる素子、つまり1次元配列された素子を用いて、対象物を線画像として捉える。略して、「ラインカメラ」と呼ばれる（**表3**）。

　このカメラでは2通りの使い方がある。

2.2 無限長の対象物

　鋼板やフィルム、紙、布地など、対象物の幅が一定で長さが非常に長いもの、ロールものといわれる対象物の検査に使用される。

　この検査では、製品の製造・加工のために一定の速度で流れている箇所に設置される。具体的には、最終の巻取り工程の直前にラインカメラを取付け、線画像を順次取込みながら製品の最終検査を実施している。

　以前のラインカメラシステムでは、線画像を連続かつ無限に取込みをするので、CPUでは演算が間に合わないため、画像を専用ボードに転送し、その中の演算ハードウェアで検査する方法が主流であった。しかし、CPUの処理能力の向上とデータの転送速度の向上によって、複数本の画像を蓄積して合成し、細長い面のような画像にして連続かつ無限に検査を行うこともできるようになった。

　この検査では、対象物のキズ、汚れ、ピンホールなどの単純な検査が行われる場合が多い。

2.3 長所・短所

＜長　所＞

　無限の連続検査が可能。

　現行の生産ライン上に取付けることができる。

　キズ・汚れ・ピンホール欠陥の検出に有効。

＜短　所＞

　走行速度が安定しないため、サイズや面積を基にした欠陥計測は困難。

2.4 大型の板状の対象物

　回路基板や液晶テレビ用板ガラス、精密印刷など、長尺もの、大型ものといわれる検査面積が大きい対象物に対して、微細な欠陥検査を実施しなければならないシステムで使用される。

　大きな面積の精密検査をエリアカメラ実現するためには、細かく区切った領域を分割撮影し

表3　主なエリアCCDの仕様と対応レンズ

公称画素数	画素数	セルサイズ[μm]	素子サイズ	適用レンズ
1,000画素	1,024	10.0×10.0	10.24mm	写真用レンズ
2,000画素	2,048	10.0×10.0	20.48mm	写真用レンズ
4,000画素	4,096	10.0×10.0	40.96mm	写真用レンズ
5,000画素	5,150	7.0×7.0	36.05mm	写真用レンズ
7,500画素	7,450	4.7×4.7	35.0mm	写真用レンズ
8,000画素	8,192	7.0×7.0	57.3mm	専用レンズ
16,000画素	16,384	3.5×3.5	57.3mm	専用レンズ

なければ必要な検査精度を確保することができない。このようなシステムでは、処理のためのソフトウェア時間より、カメラ移動のハードウェア時間に多大な時間を割く必要がある。その結果として、全体の検査が延びてしまい目標とするタクトタイムをオーバしてしまう。このようなシステムでは、ラインカメラ使用して線画像を取込み、面画像を生成し、全体の計測・検査を一括して行う。

　具体的には、固定されたカメラの直下で対象物を正確に移動させながら線画像を取込み、その画像を順次PCに転送し合成することによって面画像を生成する。この手法は、ファックスやスキャナが画像を取込む方法と同様である。この方法を走査（スキャン）という。

　ここで得られた画像の取込み幅は、ラインカメラの画素数となり、取込み長さは走査回数によって自在に変更できる。ただし、検査PCのメモリとCPUの処理能力を超えないように留意して走査回数を設定し、システム構築しなければならない。

　画像が合成された後は、エリアカメラで取込まれた画像と同様に計測・検査を進めることが可能である（**図3**）。

　ただし、走査するときに対象物を正確に移動しないと歪んだ画像になってしまう。特にスピードムラ、ピッチング、ヨーイング、サーボ振動などに気をつけなければならない。

2.5　長所・短所
＜長　所＞
　大きな面積を検査することが可能。
　微細欠陥を面積ベースに検出することが可能。
　サーチによる位置決めや、キャリパーによるエッジ計測が可能。

＜短　所＞
　検査装置が大型になる。
　駆動系の付帯装置が必要である。

2章　カメラの種類

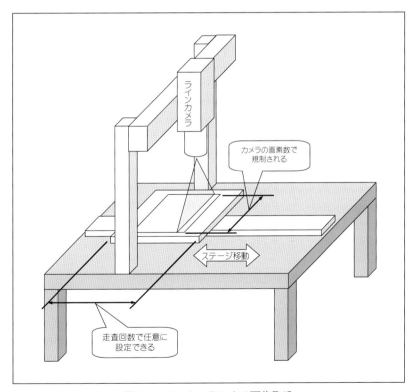

ラインカメラ

カメラの画素数で規制される

ステージ移動

走査回数で任意に設定できる

図3　ラインカメラによる画像取込

3．インテリジェントカメラ（スマートカメラ）

3.1　概　要

　カメラで画像を捉えて映像信号・画像データを出力するだけでなく、インテリジェントカメラでは、カメラと処理機能が一体化されており、本体で処理を完結させるように構成されたカメラシステムである。つまり、カメラの筐体内には撮像素子だけでなく、画像計測・検査するため処理機能のプロセッサやメモリ、外部との通信機能も搭載している。この通信機能は、Ethernet、RS-232/422、パラレルIOがあり、結果や画像データを出力することができる。

　撮像素子にCCDを採用しているものもあるが、近年ではCMOS技術で撮像素子が構成されるようになってきた。CMOSは、CPUやメモリの製造と同じプロセスなので、素子内の撮像部の周辺に処理機能を構成することもできる。

　この方法により、撮像素子の受光部の周辺に信号処理、メモリ格納、演算処理の一連の流れを1チップで構成することができるようになったため、カメラ＋処理装置としての信頼性が向上し、同時に小型化が進み、今後インテリジェントカメラの主流になると思われる（**図4**）。

3.2　運用の方法

　インテリジェントカメラからは計測・検査の結果が直接出力され、そのデータフォーマット、転送先も自由に指定することができる。このため、計測・検査した結果を中継したり、解釈したりする機能は不要になり、ロボットやシーケンサに直接転送できるので、周辺機材の準備や工事する必要がない。

　ただし、品種の切替えのためのパラメータ設定やトラブル発生時のデバッグ用に管理用PCを準備しておくことを推奨する（**図5**）。

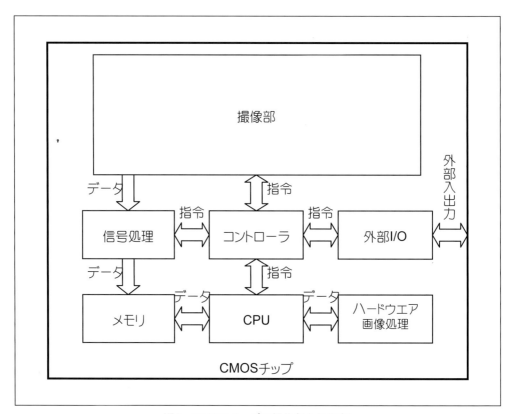

図4　CMOSチップの撮像部と処理部

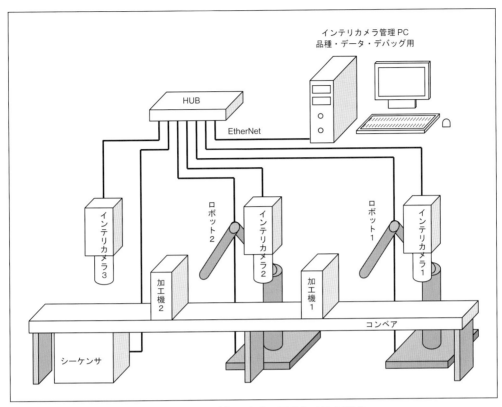

図5　インテリジェントカメラのシステム構成

3.3　長所・短所

＜長　所＞

カメラと処理機能が一体になっているため、設置するときに省スペースである。

搭載されている機能が基本的ものに限定されているので、取り扱いが容易である。

＜短　所＞

基本機能しかないので、複雑な処理をするようなシステムには向いていない。

4．素子サイズの選択

4.1　要求精度とツール精度

ユーザから提示される要求精度とツールの検出精度を元に、どの程度の素子サイズが必要であるか検討する方法を例示する。

【例】

図6のようなリングの位置決めシステムの設計について考える。

- リングのサイズ：φ10mm
- 位置のばらつき範囲：±4mm
- 要求精度：±5μmとする。

【要求精度とツール】

正規化相関サーチで得られる検出精度が、経験値より±1/4Pixelであると推定すれば、検出精度と要求精度が等しくなればよいので、以下のようになる。

$$1/4[\text{Pixel}]=5[\mu\text{m}] \qquad \cdots①$$

【分解能】

したがって、①より$1[\text{Pixel}]=[20\mu\text{m}]$

∴$20[\mu\text{m/Pixel}]$とする。

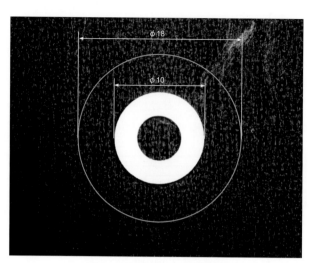

図6　例）素子サイズの選択

【ばらつき範囲と視野サイズ】

　φ10mmの対象物が±4mmにばらつくので、

10[mm]＋4[mm]×2（±なので2方向）＝

　18[mm]　　　　　　　　　　　　　…②

【必要素子サイズ】

　①、②より、

18[mm]／20[μm/Pixel]＝

　18[mm]／0.02[mm/Pixel]＝900[Pixel]

　　　　　　　　　　　　　　　…③

【カメラ選択】

　③より、縦横ともに900画素以上のカメラが必要なので、140万画素、1,392×1,040画素のカメラを採用する。

3章 インタフェイス
～デジタルインタフェイス概要～

近年、マシンビジョン向けにCameraLink、IEEE1394など、多くのデジタルインタフェイスが採用されている。本章ではその概要として、デジタルインタフェイスの分類とその特徴について説明する。

1. マシンビジョン専用インタフェイスと民生用インタフェイス

1.1 マシンビジョン専用インタフェイスとは

マシンビジョン専用インタフェイスとは、マシンビジョン業界団体（EMVA：European Machine Vision Association、AIA：Automated Imaging Associationや、JIIA：Japan Industrial Imaging Association）が策定や認証等、規格に関わるすべてを行っているインタフェイスのことである。CameraLinkやCoaXPressなどがこれに該当する。

最大の特徴は、インタフェイス規格自体がマシンビジョンに特化しているということである。これによって、以下の利点が挙げられる。

- インタフェイスケーブルに、マシンビジョン用の信号が内蔵されている（トリガ、各種映像Valid信号等）
- 仕様が比較的簡素であるため、カメラ、PCインタフェイスカードともに設計コストの低減化を図りやすい
- 対応機器がマシンビジョン向けに限定されるため、相性問題が生じにくい
- PCインタフェイスカードが専用設計のため、ホストPCの処理負荷が軽い（だたし、インタフェイスケーブル、PCインタフェイスカードともにマシンビジョン専用であるため、民生用と比較して高価であるという問題点もある）。

1.2 民生用インタフェイスとは

民生用インタフェイスとは、民生用製品向けに広く利用されているインタフェイスのことである。IEEE1394やUSB、HDMIなどがこれに該当する。これらをマシンビジョン向けにそのまま、もしくは一部仕様を拡張しつつ導入したものである。その利点は、以下のとおり。

- 対応機器が多く、選択の幅が広い。インタフェイスによっては、はじめからPCに備わっているものも存在する。
- バスアナライザなど、開発に必要な設備が整いやすい。

次に、問題点は以下に挙げる。
- コネクタ、ケーブルなどにマシンビジョン用信号が想定されておらず、インタフェイス以外にマシンビジョン用信号（トリガ、各種映像Valid信号等）のためにコネクタ、

表1

マシンビジョン専用インタフェイス	民生用インタフェイス
LVDS (EIA-644)	IEEE1394
CameraLink/PoCL/PoCL-Lite	USB
CoaXPress	Ethernet（GigE-Vision）
	DVI/HDMI
	DisplayPort

ケーブルが別途必要となるケースが多い。
- マシンビジョンには不要、もしくはオーバースペックな機能（省電力動作、ホストPCからカメラに対する広帯域伝送等）が規格上備わっており、設計コストを増大させる恐れがある。
- 対応機器が無数に存在するため、相性問題が発生しやすい。
- 汎用化のために、インタフェイスの処理をPCのソフトウェアで行っているケースが多く、ホストPCの処理負荷が比較的重い。

　マシンビジョン専用インタフェイスと民生用インタフェイスの例を**表1**に示す。

2. パケット通信方式と非パケット通信方式

　もう1つのインタフェイス分類方法として、パケット通信方式と非パケット通信方式が挙げられる。

2.1　非パケット通信方式

　映像データを、専用線路を用いて送信する方式である。カメラ制御は別線路で実現するか、もしくはインタフェイス上に存在しない。CameraLinkやHDMIなどがこれに該当する。

　図1に、非パケット通信方式の概略図を示す。この方式の利点は、以下のとおりである。
- 構造が簡素であり、カメラ、PCインタフェイスカードの設計コストが低い。
- 映像データが1つの通信線路を占有するため、帯域利用率が高い。
- 映像出力を直ちに通信線路へ送ることができるため、リアルタイム性が高い。

　問題点として、以下の欠点がある。
- カメラ制御が別線路のため、ケーブルの芯線数が多くなり屈曲性に不利となる傾向にある。
- カメラとホストPCの接続が1：1もしくは非常に限定された多数：多数となり、システム構成の自由度が低い。
- エラー検出、データ再送等のエラー対策が非常に難しい。

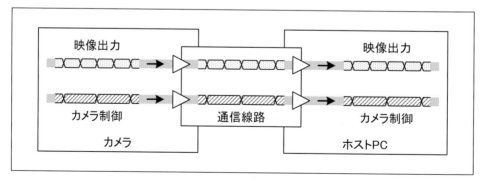

図1　非パケット通信方式

2.2　パケット通信方式

　映像などのデータを、パケットというデータ単位に分割して送信する方式である。IEEE1394やUSBなどがこれに該当する。

　図2に、映像データからパケットを生成する場合の例を示す。パケット通信方式を行う利点は、1つの線路を複数の機能もしくは機器で共有できる点である。

　非パケット通信方式では映像出力とカメラ制御が分離されていたが、パケット通信方式では**図3**のように同一線路で実現できる。

　パケットには通常、パケットヘッダと呼ばれる識別情報が付記される。送信側カメラでパ

ケットごとの種別をパケットヘッダに記載すれば、受信側ホストPCは同一線路上のパケットを種別ごとに分離できる。このようにパケット通信方式では、1つの通信線路を時分割して複数の機能にて利用できる。

　同様に、パケット通信方式では複数の機器で1つの通信線路を利用することもできる。**図4**にハブを用いた場合の実現例を示す。

　以上を含めて利点をまとめると、以下のようになる。

- 映像出力とカメラ制御が同一線路のため、ケーブルの芯線数削減が見込める。
- ハブなどによりネットワーク化ができ、シ

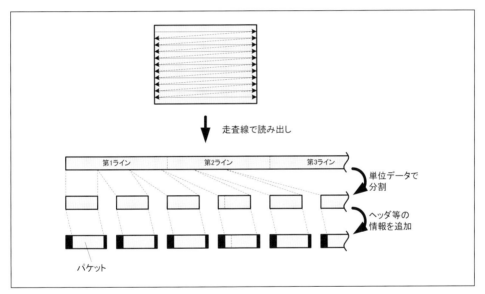

図2　パケット生成例

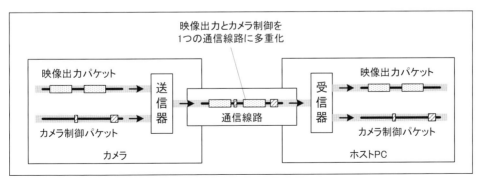

図3　パケット通信方式における映像出力とカメラ制御の多重化

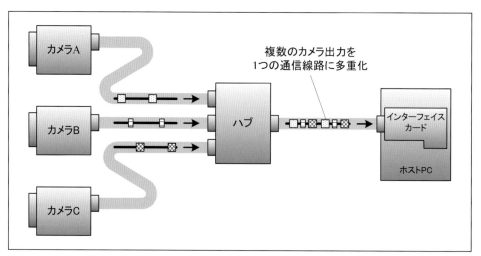

図4　パケット通信方式における複数カメラ接続例

表2

非パケット通信方式	パケット通信方式
LVDS（EIA-644）	IEEE1394
CameraLink/PoCL/PoCL-Lite	USB
DVI/HDMI	Ethernet（GigE Vision）
	DisplayPort

ステム構成の自由度が高い。

- データ転送がパケット単位で行われるため、エラー検出やデータ再送が容易（インタフェイス仕様として備わっている場合が多い）。

問題点として、以下の欠点がある。

- 構造が複雑であるため、カメラ、PCインタフェイスカードともに、設計コストが上昇する。
- すべての帯域を映像出力で専有できないため、帯域利用率が低くなる傾向にある。
- 複数カメラを同一線路に接続する場合、カメラごとの利用帯域管理が必要となり、システム設計を複雑にする。
- 帯域に空きがある時のみパケット送信が行えるため、リアルタイム性が低くなる。

非パケット通信方式とパケット通信方式の例を**表2**に示す。

2.3　CoaXPressの通信方式

CoaXPressは、非パケット通信方式とパケット通信方式の中間的な通信方法を採用している。基本的な仕様はパケット通信方式だが、同一線路の接続を1：1に制限することにより非パケット通信方式の利点も兼ね備えている。

- 1台のカメラが1つの通信線路を占有するため、帯域利用率、リアルタイム性が高い。
- 映像出力とカメラ制御を同一線路にすることにより、1本の同軸ケーブル接続を実現。
- データ転送がパケット単位で行われるため、エラー検出が容易。

ただし、非パケット通信方式、パケット通信方式の欠点の一部も引き継いでいる。

- カメラとホストPCの接続が1：1であり、システム構成の自由度が低い。
- 非パケット通信方式と比較し、設計コストが若干高くなる傾向にある。

3. 8b/10b転送方式について

IEEE1394.b、USB3.0、CoaXPress、PCI-Express（Gen3を除く）、DisplayPortなど、数多くのインタフェイスで採用されている8b/10b転送方式について説明する。

パケット通信方式、非パケット通信方式問わず、転送を行う際はデジタルデータをケーブル上に出力する。8b/10b転送方式は、この出力段に近い箇所（物理層）の方式である。

デジタルデータを転送する際、データ自身とは別に必ずクロックが必要になる。**図5**のように連続した同一のデータが送信された際、受信側はクロックがなければデータ個数が判別できない。

このため、CameraLinikの7：1シリアライズ、IEEE1394.aのData-Strobe方式など多くの転送方式では、データのほかにクロック（もしくはクロックに相当する信号）を同時に伝送する必要があった。この場合、2対以上の信号線路が必要となり、ケーブルの芯線数が増え、2対間の対称性（ケーブル長、インピーダンス等）による通信品質劣化が問題となる。

1対の信号線路で転送を実現するための方式として、受信側で同期化を行うRS-232Cの歩調同期通信、USB2.0以前のNRZI転送方式などがある。しかしこれらは、通信線路の高速化が難しいという問題があった。

これらの問題を同時に解決する手段として1982年にIBM社により考案、特許化された転送方式が、8b/10bである。この方式は、

- 8ビットのデータを、4ビット以上同一のデータが並ぶことのない10ビットのデータに変換。
- 10ビットのデータをシリアル化する。

というものである。

転送されたデータは、4ビット以上同じデータが並ぶことはない。逆にいうと、3ビットに1回は必ずデータ変化する。受信側は、このデータ変化を元にクロックを生成し直す（クロックリカバリー）（**図6**）。

8b/10bのデメリットとして、データ転送レートが伝送帯域の80％（8ビット分の情報を10ビットに拡張して転送するため）という点がある。これを解消するために、64ビットを66ビットで表現する64b/66b（10ギガビットイーサネットの一部で利用）、128ビットを130ビットで表現する128b/130b（PCI-Express Gen3で利用）等の拡張規格も存在する。

8b/10bは、IBM社の特許が満了した2002年を境に、様々なインタフェイスで利用されている（**図7**）。

8b/10bを利用したインタフェイスの場合、通信速度をデータ転送レートで記載したものと、伝送帯域で記載したものが混在している。**表3**に、8b/10bを利用した主なインタフェイスとその最大データ転送レート、伝送帯域をまとめる。

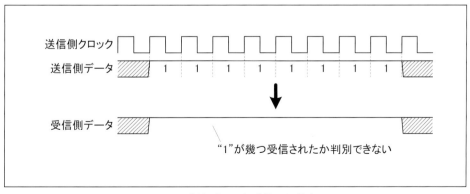

図5　連続データを受信した場合

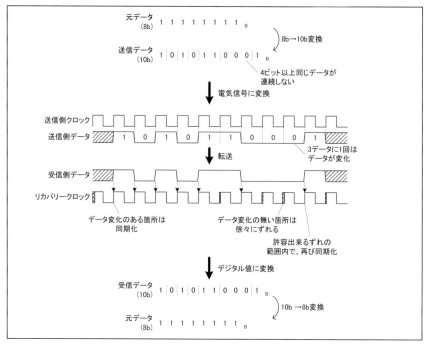

図6　8b/10b転送例

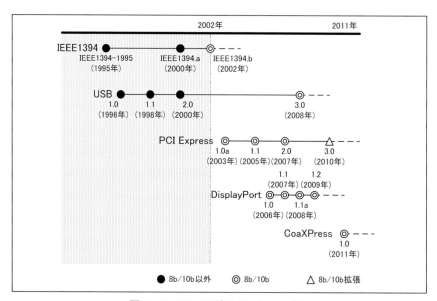

図7　8b/10bの利用インタフェイス

表3

名称	速度表記	データ転送レート	伝送帯域
IEEE1394.b	S3200	3.2 Gbps	4 Gbps
USB3.0	SuperSpeed	4 Gbps	5 Gbps
PCI Express 2.0	–	4 Gbps	5 Gbps
CoaXPress	CXP-6	5 Gbps	6.25 Gbps

3章 インタフェイス

3.1
CameraLink PoCL/PoCL-Lite 規格

CameraLink とは、産業用カメラが撮像した映像信号を、画像処理用のフレームグラバボードなどに伝送するためのデジタルインタフェイス規格の1つで、2000年10月にアメリカの産業用画像機器分野の標準化団体であるAIA（Automated Imaging Association）により策定された。

CameraLink は、その手軽さと、デジタルインタフェイスの中では高いデータ転送能力をもつという特徴から、現在も根強く支持されており、1本のケーブルで電源給電も可能としたPoCL（Power over Camera Link）や、PoCLのコンセプトを引き継ぎ、カメラの小型化をねらいとしたPoCL-Liteといった規格に発展している。

本稿では、CameraLink および、その派生のPoCL、PoCL-Lite 規格について紹介する。

1. CameraLink規格の概要

　CameraLink規格の構成を**図1**に示す。規格構成としては、大きく信号伝送部とコネクタ、ケーブル部に分けることができる。項目に各構成の詳細を示す。

1.1　信号伝送部
1.1.1　映像信号

　映像信号のデータ転送には、アメリカのNational Semiconductor社がフラットパネルディスプレイ向けに開発したChannelLinkという技術を採用している。

　ChannelLinkとは、7：1のシリアライザ（Serializer）と、1：7のデシリアライザ（Deserializer）の組み合わせで構成される（このようにパラレル－シリアル変換、シリアル－パラレル変換を行うデバイスをSerializer、Deserializerの頭を取ってSerDesと呼ぶ）。シリアライズされた信号の伝送には、LVDSを使用している。ChannelLinkのデータ転送のイメージを**図2**に示す。

　CameraLinkでは、一般的に、ChannelLink SerDesが4回路入ったチップセットを使用する。したがって、ワンチップで7×4＝28ビットのデータを1クロックで転送できることになる。CameraLinkでは、このうち24ビットを映像信号データ、残り3ビットを映像信号のアクティブ信号、1ビットをスペアに割り当てている。映像信号データは8ビットごとにPortという単位で区切られており、モノクロ8ビットやRGB24ビットなど、各種映像フォーマットに対応する

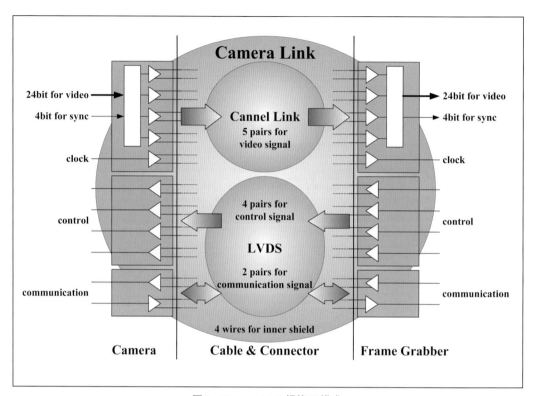

図1　CameraLink規格の構成

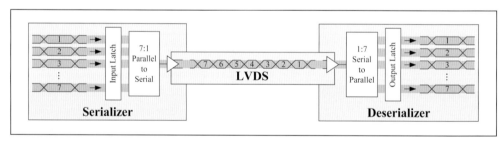

図2　ChannelLinkのデータ転送イメージ

Portのアサインが標準化されている。

1.1.2　制御信号

　CameraLinkでは、フレームグラバボードから
カメラをコントロールするための制御線を4組
用意している。信号の伝送にはLVDSを使用して
いる。制御線の用途は規定されていないが、主
に、ランダムシャッタトリガなどのリアルタイム
性が要求される制御用に使用されることが多い。

1.1.3　通信信号

　CameraLinkでは、フレームグラバボードと
カメラ間で、双方向の非同期通信（UART）を行
うための通信線を2本用意しており、全2重の
通信が可能である。ただし、規格で要求してい
るミニマムの通信速度が9,600bpsと、近年の
シリアルインタフェイスとしては遅いため、短
時間に多くの通信を行いたいアプリケーション
では、通信速度がネックとなる可能性がある。

表1　Configurationと映像転送帯域

	Port数	映像信号ビット幅	映像転送帯域（Gbps）	コネクタケーブルの数
Base	3	24	2.04	1
Medium	6	48	4.08	2
Full	8	64	5.44	2

1.1.4　ビット幅の拡張

　前述の映像信号部、制御信号部、通信信号部より、CameraLinkの信号伝送部が構成されるが、CameraLinkでは、ChannelLinkのチップセットを追加することにより、映像信号のビット幅を拡張することができるようになっている。

　基本となる構成は、チップセット1つを使用するBase Configuration。2つ使う構成をMedium Configuration。3つ使う構成をFull Configurationと呼ぶ。**表1**にそれぞれの構成における映像信号ビット幅、および最大転送帯域を示す（映像転送帯域は映像信号クロックを85MHzとして算出している）。

1.2　コネクタ、ケーブル部
1.2.1　コネクタ

　コネクタは26ピンのコネクタを採用している。形状は、スタンダードと呼ばれるMDRコネクタ（住友3M社）と、形状を小型化したミニチュア（MiniCL）と呼ばれるSDRコネクタ（住友3M社）、HDRコネクタ（本多通信工業社）が採用されている。

　それぞれのピンに対する信号線のアサインは標準化されており、カメラ側、フレームグラバ側ともにどちらの形状のコネクタを採用してもよいことになっている。

1.2.2　ケーブル

　CameraLinkのケーブルは、LVDS伝送用の11本のツイストペア線と4本のドレイン線で構成される。伝送する信号のクロックレートは最大で600MHz近くになるため、ケーブルのスキューやクロストークなどの特性については厳しい要求が課されている。ケーブル長としては、最大10mまで延ばせることになっているが、伝送する信号のクロックレートが速くなると、ケーブルスキューや信号の減衰が信号伝送上の問題となってくるケースがある。伝送特性は、コネクタの形状による差異はなく、ケーブルの構造や長さにより決まってくるため、ケーブル選定の際には注意が必要である。

2.　PoCL規格の概要

　従来のCameraLink規格では、カメラ用の電源ケーブルと信号伝送用のケーブルを別に用意する必要があるため、少なくとも2本のケーブルがカメラに接続されることになる（**図3**）。これにより、システムに組み込む際の配線が煩雑となり、カメラの小型化の障害となることがある。

　PoCL規格では、従来のCameraLinkでGND線として使用していた4本のドレイン線のうち、2本をフレームグラバボードからカメラへの電源供給線として利用することにより、1本のケーブル接続でシステム構築できるようになる（**図4**）。

　PoCL規格は、従来のCameraLink規格の機器と混在しても問題が生じないよう、電源供給線のアサインのほかにいくつかのルールが取り決められた。

2.1　カメラへの要求
・消費電力

　カメラの消費電力が増大すると、フレームグラバボード間とのGNDオフセットが生じ、信号伝送に影響を与えるため、カメラの消費電力は4W以下とした。

・入力インピーダンス

　フレームグラバボードがカメラに電源を

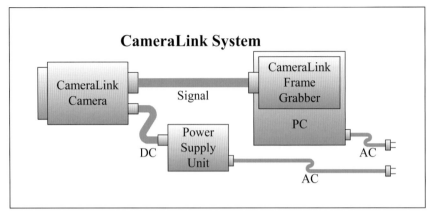

図3　従来のCameraLinkシステム構成

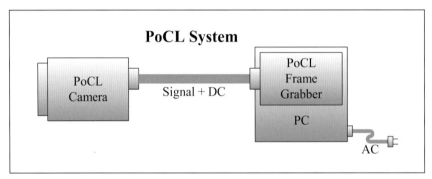

図4　PoCLシステム構成

供給する前に、PoCL機器か従来機器であるかを識別できるよう、カメラ電源の入力インピーダンスを規定した。

- ラベル

　PoCL機器にはPoCL機器である旨を示すため、本体にPoCLロゴないし、"PoCL"というテキスト表示を行うこと。

2.2　フレームグラバボードへの要求

- 保護回路

　PoCL機器に従来機器が接続されると、電源線が短絡されてしまうため、このような事態が起きてもシステムが故障に至らないよう、保護回路を設けること。

- 検出回路（オプション）

　検出回路を設けることにより、接続されたカメラがPoCL機器か従来機器であるかを識別することができる。

- 電源フィルタ

　カメラへの電源供給線にはノイズ除去のためのフィルタを入れること。

- ラベル

　カメラと同様に表示を行うこと。

- 誤接続アラーム（推奨）

　誤接続を検出した場合、何かしらの手段でユーザに通知することを推奨とする。

2.3 ケーブルへの要求

- ドレイン線

　　4本のドレイン線を絶縁処理すること。ドレイン線の抵抗値はGNDオフセットに影響するため、PoCLケーブルは従来ケーブルに比べ、抵抗値を低く抑える必要がある。

- ラベル

　　カメラと同様に表示を行うこと。

3．PoCL-Lite規格の概要

　これまでのCameraLink規格、PoCL規格では、たとえモノクロ8ビット出力のカメラでも26ピンのコネクタを使用する必要があり、さらなるカメラの小型化やケーブルの細径化は困難であった。

　PoCL-Lite規格では、24ビット割り振られていた映像信号のビット幅を10ビットに、カメラコントロールの制御線を4組から1組に減ら

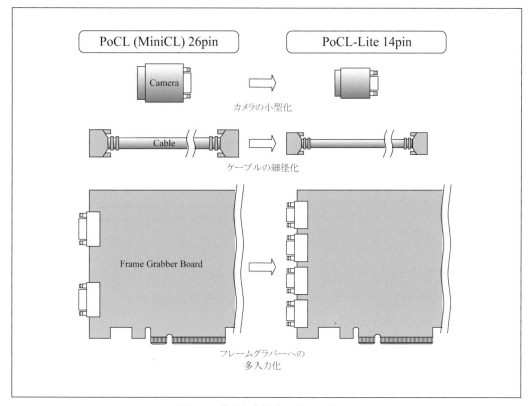

図5　コネクタ小型化によるメリット

表2　CameraLink/PoCLとPoCL-Liteの比較

	CameraLink/PoCL Base	PoCL-Lite
映像信号ビット幅	24ビット	10ビット
カメラ制御信号	4組	1組
通信線	2組（送受信独立）	1組（カメラからの通信線は映像信号に多重）
コネクタピン数	26ピン	14ピン／26ピン

表3　PoCLとPoCL-Liteシステム混在時の動作

フレームグラバ	ケーブル	カメラ	備考
PoCL 26P	CameraLink用 26P-26P	PoCL 26P	通常動作可能
		PoCL-Lite 26P	※1
	PoCL-Lite用 26P-26P	PoCL 26P	全結線のケーブルが必要
		PoCL-Lite 26P	※1
	PoCL-Lite用 26P-14P	PoCL-Lite 14P	※1
PoCL-Lite 26P	CameraLink用 26P-26P	PoCL 26P	※2
		PoCL-Lite 26P	通常動作可能
	PoCL-Lite用 26P-26P	PoCL 26P	※2
		PoCL-Lite 26P	通常動作可能
	PoCL-Lite用 26P-14P	PoCL-Lite 14P	通常動作可能
PoCL-Lite 14P	PoCL-Lite用 14P-26P	PoCL 26P	※2
		PoCL-Lite 26P	通常動作可能
	PoCL-Lite用 14P-14P	PoCL-Lite 14P	通常動作可能

※1：フレームグラバ側がPoCL-Liteの信号アサインメントに対応していないため、正常動作しない。
※2：カメラ側がPoCL-Liteの信号アサインメントに対応していないため、正常動作しない。
※いずれの場合もハードウェアで信号アサインメントの変更が可能な場合、通常動作可能。

し、さらに、カメラからフレームグラバボードへの通信線を映像信号ラインと多重化することで、14ピンのコネクタを採用することが可能になった（**図5**）（**表2**）。

一方でPoCL-Lite規格は、信号線を減らしたことにより、CameraLink、PoCLとの信号アサインメントに互換性がない。規格としては、14ピン、26ピンのコネクタいずれを使用してもよいことになっているが、26ピンのコネクタを使用する場合、従来のCameraLink、PoCLシステムとの混在に注意する必要がある。**表3**にPoCLとPoCL-Liteシステムが混在した場合の動作について示す。

4. CameraLink規格の入手方法

それぞれの概要について紹介してきたが、正規のCameraLink規格書は、規格のオーナーであるAIAのホームページ（http://www.machinevisiononline.org）より購入することができる。価格は、AIAに加入しているメンバーは$50。AIAに加入していないメンバーは$75であるが、現在、規格書の無償公開化について検討が行われている（2011年11月現在）。

3章 インタフェイス

3.2

GigE Vision 規格

GigE Vision とは、イーサネット経由で、産業用カメラのコントロールや撮像した映像信号をパソコンなどに伝送するためのプロトコルで、2006 年 5 月にアメリカの産業用画像機器分野の標準化団体である AIA（Automated Imaging Association）により策定された。

GigE Vision に準拠しているカメラ、アプリケーションであれば、異なるベンダー間の製品においても相互接続できるため、ユーザは様々な選択肢の中から製品を選択することができる。

また、GigE Vision は名前のとおり、ギガビットイーサネットでの伝送（1Gbps）が可能であるほか、イーサネットの技術を基にしているため、イーサネットの利点をそのまま引き継いでいる。

- 100m の長距離伝送が可能。スイッチングハブ接続でさらに延長することも可能。
- PC に標準搭載の LAN ポートに接続可能。専用の画像入力ボードは必要なし。
- 広く普及している安価なイーサネット用のコンポーネントを使用可能（LAN カード、LAN ケーブル、スイッチングハブ等）。
- ネットワーク接続によりフレキシブルなシステム構成が可能（1対1、1対N、N対N接続など）。

本稿では、この GigE Vision の規格について説明する。

3章 インタフェイス

1. GigE Vision システムの構成

　GigE Vision では、ネットワークに様々な機器が接続されることを考慮し、システムを構成するコンポーネントがクラス分けされ、ストリーミングデータ（映像データ）を取り扱わないデバイスも共通のプロトコルで制御可能となっている。図 1 に GigE Vision のシステム構成図を示す。

　コンポーネントのクラス分けは以下のとおりである。

- Transmitter：ストリーミングデータを送

信することができるデバイス。カメラなどがこれにあたる。

- Receiver：ストリーミングデータを受信することができるデバイス。映像データを画面に表示させるPC（アプリケーション）や、HDMI信号に変換して出力するHDMIコンバータなどがこれにあたる。
- Transceiver：ストリーミングデータを受信することができ、かつ送信もできるデバイス。画像処理装置などがこれにあたる。
- Peripheral：ストリーミングデータの送受信は行わないが、コントロールにGigE

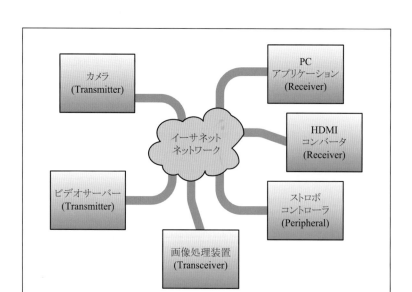

図1　GigE Vision のシステム構成

Vision のプロトコルを使用するデバイス。ストロボコントローラなどがこれにあたる。

2.　GigE Vision プロトコル

2.1　IPアドレスの取得と、デバイスの列挙

　ネットワーク上に接続されたデバイスは、まず、IPアドレスを取得する必要がある。また、ホストは通信するべき GigE Vision デバイスをネットワーク上から探す必要がある。GigE Vision では、これらの動作をデバイスディスカバリとして規定している。

2.1.1　IPアドレスの取得

　デバイスはネットワークに接続されると、自身に固定のIPアドレスが割り当てられていないか確認する。固定IPアドレスが割り当てられている際は、固定IPアドレスを適用する。固定IPアドレスが使用できない場合は、次にDHCPサーバよりアドレス取得を試みる。DHCPサーバが見つからない場合は、最終的にLLA（Link-Local Address）にてIPアドレスを取得する（**図2**）。

2.1.2　デバイスの列挙

　ホストはネットワーク上のGigE Vision デバイスを検出するために、Device Discovery コマンドを発行する。この Device Discovery コマンドに対して、有効な応答を返してきたデバイスを GigE Vision デバイスとして認識する。Device Discovery コマンドは後述のGVCP というプロトコルを用いる。

　ネットワーク上のデバイス接続は動的に変化する可能性があるため、GigE Vision ではデバイスの着脱を次のように検出することとしている。

【デバイスの切断】

　ホストは定期的に個々のGigE Vision デバイスに対し任意のGVCP コマンドを発行する。これに応答しなくなったデバイスをネットワーク上から存在しなくなったものと判断する。この定期的にコマンドが発行される動作をHeart Beat と呼んでいる。

【デバイスの接続】

　デバイスのDHCPリクエストの検出をする方法と、Device Discovery コマンドを定期的に発行する方法がある。前者は、DHCPサーバとGigE Vision のホストアプリケーションでハード

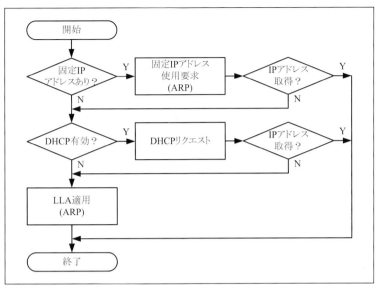

図2 IPアドレスの取得フロー

ウェアが異なる場合、ホストアプリケーションでの検出が困難である。また、後者は、多くのGigE Visionデバイスがネットワーク上に存在した場合、Device Discoveryコマンドでネットワーク上のトラフィックが増大するという欠点がある。このことから、実際の実装方法はベンダーに委ねられている。

2.2 チャンネル

GigE Visionでは、チャンネルという仮想のリンクを用いて、デバイスの制御や映像データなどのストリームデータの送受信を行う。具体的には、チャンネルごとに異なるUDPポート番号を割り当てる。これにより、複数のストリームデータを取り扱うアプリケーションにおいても、データをポート番号により振り分けることが可能になっている（**図3**）。

下記の3種類のチャンネルが定義されている。

- **Control channel**：コントロールチャンネルは、デバイスの制御に使用する。プロトコルはGVCPを使用。複数のアプリケーションからひとつのデバイスが制御されると、デバイスの状態とアプリケーションの状態に不整合が起きて問題となることがあ

るため、コントロールチャンネルには制御権が用意されている。デバイスに対しフル制御ができるのは1つのアプリケーションだけである（Primary control channel）。その他のアプリケーションは、デバイスの状態を見ることしかできない（Secondary control channel）。

- **Stream channel**：ストリームチャンネルは、ストリームデータの送受信に使用する。プロトコルはGVSPを使用。GigE Visionのシステム構成にて示したように、ストリームチャンネルをもたないデバイスも存在する。

- **Message channel**：メッセージチャンネルは、デバイスからアプリケーションに通知を行う場合に使用する。たとえば、カメラが外部トリガを受け取ったことをアプリケーションに通知する際などに使用される。プロトコルはGVCPを使用。メッセージチャンネルも必要がなければもつ必要はない。

2.3 プロトコル階層

GigE Visionでは、GVCP（GigE Vision control protocol）/GVSP（GigE Vision streaming proto-

3章 インタフェイス

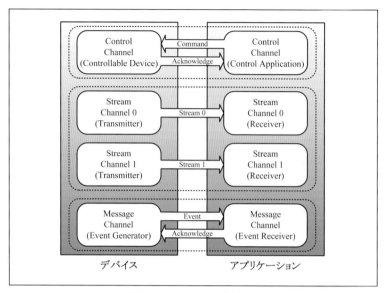

図3 チャンネルの概念図

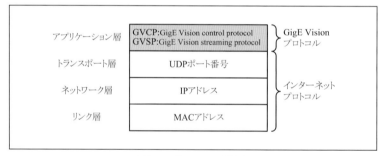

図4 プロトコル階層

col)という2種類のプロトコルを定義している。GVCP/GVSPはUDPの上位に位置するアプリケーション層のプロトコルである（**図4**）。

2.4 GVCP

　GVCPでは、GigE Visionデバイスの制御を行うためのコマンド、およびパケット構造が定義されている。

　GigE Visionデバイスは、内部に仮想のアドレス空間を用意し、そのアドレス空間に各機能の制御を行うレジスタを配置する。アプリケーションは、そのレジスタに対し値を読み書きするという方式でデバイスを制御する。

　たとえば、露光時間を制御するレジスタがア

ドレス0xA000番地に配置されており、露光時間の設定をus単位で設定するカメラの場合、カメラの露光時間を10usとするためには、0xA000番地に10を書き込むといった動作になる（**図5**）。

　ここで、GigE Visionデバイスを制御するアプリケーションは、各レジスタが、どのアドレスに配置されていて、どのような値を取りうるかなどの情報をGenICamというアプリケーションインタフェイスを提供する規格に基づいたXML形式のファイルより取得することになっている。

　XMLファイルは、デバイスの内部メモリからGVCP経由で読み取るか、もしくは、Webサイ

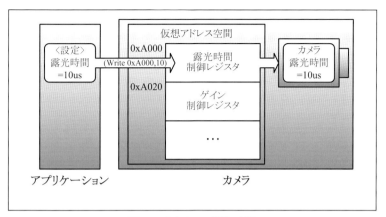

図5 デバイスの制御方法

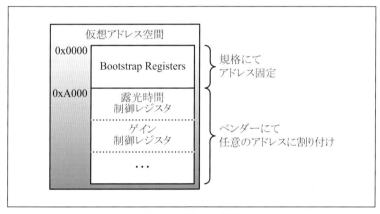

図6 アドレス空間

トやローカルディスク上からロードする。

　GenICam規格の詳細については、本稿では割愛するが、詳しくは、GenICamの規格策定団体であるEMVA (European Machine Vision association)のホームページ (http://www.emva.org)を見ていただきたい。

2.5 Bootstrap Registers

　GVCPの項で、デバイスの制御方法について示したが、GigE Visionではカメラの露光時間やゲインの制御など、デバイスの機能に関するレジスタはベンダー固有の機能という位置づけで、アドレスは任意に割り付けることができる(それらをXMLファイルに記述することになる)。

　一方で、GigE Visionデバイスがもつべき共通

の情報はBootstrap Registersとして用意する。Bootstrap Registersのアドレス割り付けは規格により定められている。Bootstrap Registersには、デバイスのMACアドレス、IPアドレス、サブネットマスク、デフォルトゲートウェイなどネットワークに関する情報や、製品情報、XMLファイルの保存先などの情報をもつ。

　Bootstrap Registersはアドレス0x0000から配置され、ベンダー固有のレジスタは0xA000以降に配置することになっている(**図6**)。

2.6 GVSP

　GVSPでは、ストリームデータのパケット構造が定義されている。

　ストリームデータとして、映像データや、そ

れに付随するデータ、測定情報などを送ることができる。

パケットは3パケット構造となっている。

- **Data Leader**：ストリームデータとして最初に送るパケット。これから送るData Payloadの情報を送る。
- **Data Payload**：Data Leaderに続いて送る。実際の映像データなど、ストリームデータの本体を送る。送信するデータ量が多い場合は、複数パケットに分けて送信する。
- **Data Trailer**：ストリームデータの最後に送る。

イーサネットにおいて、1つのパケットで送れるフレーム長は最大で1,500Byteと規定されている。しかし、映像データのように大量のデータを送る場合、1,500Byteずつデータを送っていては、フレームヘッダのオーバーヘッドやインターフレームギャップ（次のフレームを送信する前に96bit分の時間待たなければならないイーサネットの規則）により、伝送効率が低下してしまう。

そこで、伝送効率を向上させる有効な方法としてジャンボフレームを使用することが挙げられる。ジャンボフレームを使用することにより、最大8kByteから16kByteまでのデータが1つのパケットで送ることができるようになる。

ただし、ジャンボフレームはオプション扱いであり最大フレーム長もベンダーによって異なる。かつ100Base-Tではサポートされていないため、複雑なネットワークを構成する場合は、設定したジャンボフレームのパケットの通信ができるかどうかの確認が必要である（**図7**）。

2.7 通信の信頼性とエラーリカバリ

GigE Visionはトランスポート層のプロトコルにUDPを使用しているため、TCPを使用した場合に比べ高速な通信が可能だが、通信エラー発生時の再送制御がないため、通信の信頼性という点では劣る。

GigE Visionでは、通信の信頼性向上のために、アプリケーション層のGVCP/GVSPにエラーリカバリを実装している。

GVCPでは各コマンドに対しリクエストIDを付加してハンドシェークを行うことで、通信の信頼性を向上させている。ハンドシェークがタイムアウトした場合は、コマンドの再送を行う。

GVSPでも同様に各パケットにIDを付加する。アプリケーションはパケットの取りこぼしを検出したら、デバイスに対しパケットの再送要求をすることができる。ただし、GVSPの再送要求に応えるためにはデバイス側に充分なバッファを用意する必要があるため、GVSPの再送機能の実装は任意となっている（**図8**、**9**）。

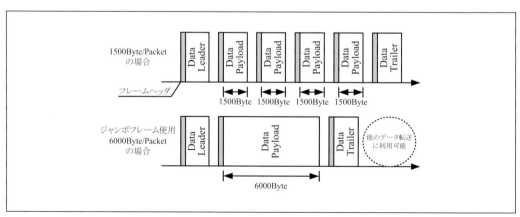

図7　ジャンボフレーム使用による伝送効率の向上

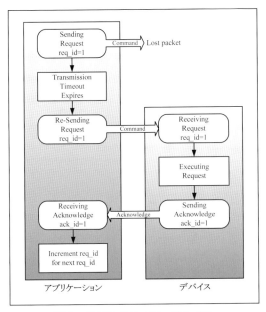

図8　GVCPでのエラーリカバリ

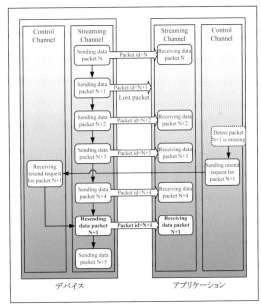

図9　GVSPでのエラーリカバリ

3.　GigE Visionの今後の展望

　2011年9月現在のGigE Visionのバージョンは1.2である。規格策定団体のAIAでは、GigE Visionの機能をさらに拡張したGigE Visionバージョン2.0を検討している。

　GigE Visionバージョン2.0で追加される主な仕様を以下に記す。

- **10ギガビットイーサネット対応：**

　GigE Vision は物理層に依存しないプロトコルレイヤーでの規格であるため、これまでのバージョンにおいても、10ギガビットイーサネットへの対応は可能だが、バージョン2.0で、10ギガビットイーサネット対応であることが明確になる。

- **リンクアグリゲーション：**

　複数のリンクを仮想的に1つのリンクとしてみなし、トータルの伝送速度を向上させる。たとえば、ギガビットイーサネットを4ポートもつカメラは4リンクを使用して4Gbpsの伝送が可能になる。

- **圧縮画像の取り扱い：**

　ストリームデータのペイロードタイプに圧縮画像のフォーマット（JPEG、JPEG2000、H.264）が追加される。

- **GVSPの1パケット化：**

　これまで3パケット構造であったGVSPのストリームデータが1パケットで送れるAll-in Transmission Modeが追加される。これにより、さらなる伝送効率の向上が期待できる。

4.　GigE Vision規格の入手方法

　以上、GigE Vision規格の概要について説明したが、正規のGigE Vision規格書は、規格のオーナーであるAIAのホームページ（http://www.machinevisiononline.org）より購入することができる。AIAに加入しているメンバーは$150USD。AIAに加入していないメンバーは$750USDである（2011年9月現在）。

3章 インタフェイス

3.3

IEEE1394 規格

IEEE1394 とは、規格制定団体である 1394 Trade Association (以下 1394TA) により制定され、1995 年に IEEE によって標準化 (IEEE1394 〜 1995) された汎用高速シリアルインタフェイスの規格である。その後、電源制御など一部仕様を追加した IEEE1394a-2000 (以下 IEEE1394.a)、3,200Mbps まで帯域を拡張しコネクタおよび信号仕様を変更した IEEE1394b-2002(以下 IEEE1394.b)に仕様拡張される。規格の別の名称として、FireWire、i.Link、DV 端子などがある (i.Link および DV 端子は IEEE1394.a のみの呼称)。

AV 機器、車載等用途ごとの詳細規格は 1394TA の各担当ワーキンググループにより制定され、産業用カメラ規格 Instrumentation and Industrial Digital Camera (以下 IIDC) が Instrumentation and Industrial Control Working Group によって制定されている。

IEEE1394 規格には多くの特徴があるが、産業用に関連するものを抜粋すると以下のとおりである。

- 最大 3.2Gbps の高速シリアル通信(2011 年現在、1.6Gbps まで製品化されている)。
- 活線挿抜可能な小型コネクタ 1 つで高速通信、電源が接続可能。
- メタル接続によるケーブル長は最大 4.5m、ハブ等で 32 本までケーブルを延長可能（最大 144m）。

映像等のストリームデータ通信機能が充実しており、通信帯域が逼迫している環境においてもデータ欠落のない確実な映像出力が可能。

映像等ストリームデータの受信は処理の殆どがハードウェアで行われるため、大容量データ受信でもホスト PC の負荷は非常に低い。

1 対 1、1 対 N、N 対 N 接続が行なえ、バス帯域が許す限り同一バス上で複数台カメラの映像を取得することができる。

バス上はホスト PC、カメラを含む周辺機器間でコネクタ、通信仕様上の差がなく、コネクタを 2 つ以上備えたカメラの場合はディジーチェーン接続も可能。

本項では、この IEEE1394 の規格について説明する。

1. IEEE1394システムの構成

1.1 バストポロジ

IEEE1394のバストポロジは、ハブを中心としたスター型ネットワークと、ディジーチェーンによるライン型ネットワークの両方を有したハイブリット型ネットワークとなっている。

IEEE1394バス上、接続されている機器（以下ノード）はホスト、周辺機器の差はなく、すべて対等である。同一バス上に複数のホストPCを接続することも許可されている。

図1に、IEEE1394バスの構成例を示す。

1.2 ケーブルとコネクタ

IEEE1394では、次のケーブル接続が規格化されている。

- **近距離接続用メタルケーブル**

  一般的に、IEEE1394ケーブルとはこれを示す。3.2Gbpsで最大4.5mの電気信号による伝送が行える。

- **長距離接続用メタルケーブル**

  Ethernet用カテゴリ5eケーブルを使用したものである。800Mbpsで最大100mの電気信号による伝送が行る。

- **光ファイバケーブル**

  プラスチックおよびガラス光ファイバを利用したものである。プラスチックの場合200Mbps、ガラスの場合1.6Gbpsで、どちらも最大100mの光信号による伝送が行える。

近距離接続用メタルケーブルの構成は**図2**の

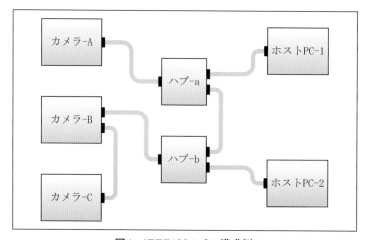

図1　IEEE1394バス構成例

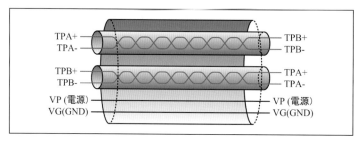

図2　IEEE1394ケーブルの構成

ように、TPA+/-、TPB+/-のシールド付きツイストペア信号線2対と、VP/VGの電源線2本がある（電源サポートなしタイプの場合、VP/VGなし）。なお、TPAとTPBは、ケーブル内部でクロスされる。

TPAとTPBの役割は、IEEE1394.aとIEEE1394.bで異なる。

IEEE1394.aは、Data-Strobeモード（以下DSモード）と呼ばれる。これは半2重通信であり、データをTPBに、データとクロックの排他的論理和信号（Strobe信号）をTPAにそれぞれ割り振る。

IEEE1394.bは、Betaモードと呼ばれる。データエンコード方式に、データとクロック両方を1対の信号線路に送信できる8b/10bを採用している。このためTPBに送信データ、TPAに受信データを割り振る全2重通信が実現されている。

DSモードとBetaモードは互換性がない。このため、DSモードのみ対応したDS-onlyポートと、Betaモードのみ対応したBeta-onlyポートに加えて、DSモードおよびBetaモードに両対応したBilingualポートが規格化されている（**図3**）。

コネクタは、**表1**に示すとおり、ポート種別ごとに4種類のコネクタが規格化されている。

写真1は、IEEE1394.aで使用されている4ピンおよび6ピンコネクタケーブルである。4ピンコネクタはデジタルビデオカメラなどの小型機器に、6ピンコネクタはPCや外付けハードディスクなどの一般機器に多く利用されている。

写真2は、IEEE1394.bで使用されている9ピンコネクタケーブルである。コネクタはBeta-onlyとBilingualの2種類がある。これは、DSモードをサポートしていない機器がIEEE1394.aネットワークに接続されないようにするためである。Bilingualコネクタは**写真2**のようにスリット部分が狭く、Beta-onlyコネクタの機器に物理的に刺さらないようになっている。

またIEEE1394.bコネクタケーブルは、**写真3**のように産業用にネジロック機構が追加されたものも規格化されている。ネジロックを使用することにより、振動、衝撃耐性が大幅に増大する。

3章 インタフェイス

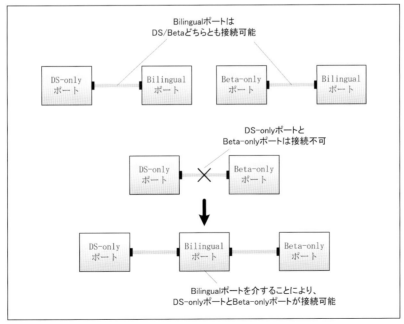

図3　IEEE1394のポート互換性

表1

ポート種別	極数	最大転送レート	電源サポート	用途
DS-only	4ピン	400Mbps	無し	IEEE1394.a小型機器向けコネクタ
	6ピン	400Mbps	有り	IEEE1394.a標準コネクタ
Beta-only	9ピン	800Mbps	有り	IEEE1394.b標準コネクタ
Bilingual	9ピン	800Mbps	有り	IEEE1394.a/b両対応 標準コネクタ

写真1　IEEE1394.aコネクタ

写真2　IEEE1394.bコネクタ

写真3　ネジロック機構付き
IEEE1394.bケーブル

2．IEEE1394バスのコンフィグレーション

　図4は、バス動作が開始されてから定常動作に至るまでのバスコンフィグレーション動作を表す。

2.1　バスリセット

　バスの初期化のため、バスリセットが発生する。バスリセットは以下の条件においても発生する。

- ノードの接続が変更された（デバイスの追加、切断）。
- バス上で致命的なエラーが発生した（バスのデッドロック、不整合等）。
- ノードからバスリセット発行要求があった。

2.2　バスマネージャー決定

　バス上のルートとなるバスマネージャーを決定する。始めに、各ノードは自分のポートが他のノードに接続されているか識別し、未接続のポートにoffとラベルを振る。その結果、1つのポートしか接続されていないノードをリーフ・ノード、複数のポートが接続されているノード

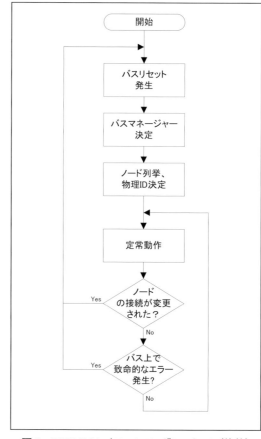

図4　IEEE1394バスコンフィグレーション（抜粋）

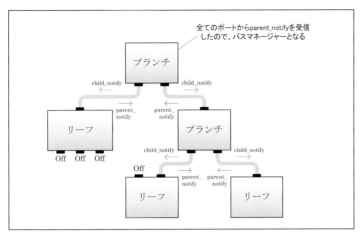

図5　IEEE1394バスマネージャー決定

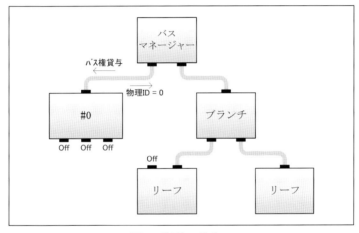

図6　物理ID決定-1

をブランチ・ノードと認識する。

　次に、リーフ・ノードは接続先デバイスに parent_notifyという通知を行い、これを受けたノードは応答としてchild_notifyを返す。 parent_notifyを受信したノードがブランチ・ノードの場合、通知がないポートが1箇所になるまで待つ。その後残ったポートより、さらに次のノードへ通知を行う。

　parent_notifyをリーフ・ノードが受信した場合、もしくはブランチ・ノードのすべてのポートにparent_notifyが受信された場合、そのノードがバスマネージャーとなる（**図5**）。

　通知を開始するタイミングは、各ノードで様々である。このため同一接続のバスにおいても、どのノードがバスマネージャーに割り当てられるかは不定となる。

2.3　ノード列挙、物理ID決定

　バスマネージャー決定後、バス上のノードを識別するために使用する物理IDを決定する。

　バスマネージャーは、最も優先順位が高いポート（ハードウェアで固定）に接続されたノードにバス権を貸与する。貸与されたノードがリーフ・ノードの場合、自身の物理IDを0番として、その旨を通知するパケット（SelfIDパケット）を送信する。このパケットはすべてのノー

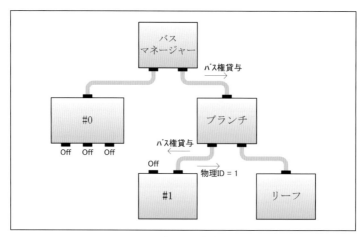

図7　物理ID決定-2

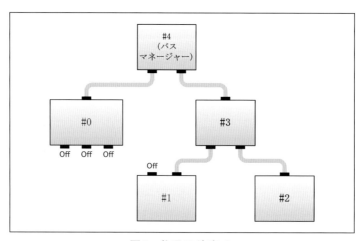

図8　物理ID決定-3

ドに配信され、物理ID=0が割り当て済みであることを認識する(**図6**)。

　その後、バスマネージャーは次に優先順位が高いポートに接続されたノードに対し同様に動作する。貸与されたノードがブランチ・ノードの場合、バスマネージャー同様にバス権貸与を行う。最終的にバス権を貸与されたノードは自身の物理IDを1番として、SelfIDパケットを送信する(**図7**)。

　以上を、すべてのノードが物理IDを設定するまで繰り返す。最後に設定を行うのはバスマネージャーであり、これによりバスマネージャーの物理IDは最も番号の大きいものとなる

(**図8**)。

2.4　バスコンフィグレーションにおける注意点

2.4.1　物理IDについて

　同一の接続状態にあるIEEE1394バスにおいて、物理IDが毎回必ず同じ番号になる保証はない。物理IDはバスが有効である状態の、一時的な識別子にしか過ぎない。

　このことは、バス運用中にバスリセットが発生した際にも当てはまる。理想的なバス構成においても、不慮のデータエラーが生じバスリセットが発生する可能性がある。このバスリ

セット後のコンフィグレーションで、物理IDの構成に変化が生じる可能性もある。

デバイスの特定には、コンフィグレーションROMにあるChip IDを用いる必要があり、またバスリセットが発生するたびにこれを取得し直す必要がある。

2.4.2 不測のバスリセットについて

IEEE1394に関わらず、シリアルバスは必ずデータエラーが発生する。理想的な構成においても、エラー発生確率は低減するが0にはならない。

このエラーがバスの構成上致命的である場合、IEEE1394ではバスリセットが発生し修復を試みる。カメラおよびアプリケーションは、どのような状況においてもバスリセットが発生することを念頭に設計する必要がある。

3. IEEE1394プロトコル

3.1 パケットのデータ単位

IEEE1394の殆どのパケットは、4Byteずつのデータに区切られる。このデータ区切りのため、IEEE1394ではQuadletというデータ単位が使用される（1 Quadlet＝4Byte）。

送受信されるデータがQuadlet単位ではなく端数が生じる場合は、Quadlet単位になるように不要な領域を0で埋める。

3.2 パケットの種類

IEEE1394には、大きく分けてPHYパケット、Acknowledgeパケット（以下ACKパケット）、Primaryパケットの3種類がある。この中でPrimaryパケットは、さらにAsynchronousパケットとIsochronousパケットに分類される（**図9**）。

PHYパケットは、節2.3で説明したSelfIDパケット等のバスの物理層を制御するために用いられるパケットである。パケット長は2Quadletで構成されている。

Primaryパケットは、ノード間の通信に使用される。カメラの場合、状態制御や映像出力などに用いられる。パケット長は3 Quadlet以上で構成されている。

ACKパケットは、Primaryパケットを受信した際の応答に使用される。パケット長は1Byteで構成されている。IEEE1394バスにおいて、ACKパケットは唯一Quadlet単位ではないパケットである。主なACKパケットを**表2**に示す。

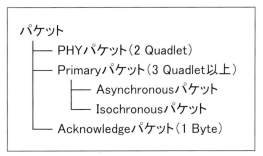

```
パケット
├── PHYパケット（2 Quadlet）
├── Primaryパケット（3 Quadlet以上）
│   ├── Asynchronousパケット
│   └── Isochronousパケット
└── Acknowledgeパケット（1 Byte）
```

図9　パケットの種類

表2　ACKパケット（抜粋）

名称	説明
ack_complete	パケットを正常に受信したことを示す。
ack_pending	パケットを仮に受信したことを示す。このあとに、必ずレスポンスパケット（4.3にて説明）が送信される。
ack_busy_X / A / B	受信側がビジーのため受信できず、パケットが破棄された。X / A / Bの種類は、フロー制御に使用される。
ack_data_error	データ長やCRC等、データフィールドに起因するエラーが発見された。受信パケットは破棄された。
ack_type_error	不正なアクセス方法が行われた（読み出し専用アドレスに対しWRITEアクセスが行われた等）。受信パケットは破棄された。
ack_address_error	アクセスできないアドレス領域に対するアクセスが行われた。受信パケットは破棄された。

3章　インタフェイス

表3　Asynchronous転送

アクセスの種類	データ単位	使用するPrimaryパケット
WRITE	Quadlet	Write request for data quadlet, Write response
WRITE	Block	Write request for data block, Write response
READ	Quadlet	Read request for data quadlet, Read response for data quadlet
READ	Block	Read request for data block, Read response for data block
LOCK	Block (2 Quadletまで)	Lock request, Lock response
Cycle Start	Quadlet	Cycle start

3.3　Asynchronous転送とIsochronous転送

　Primaryパケットは、AsynchronousパケットとIsochronousパケットに分類される。これらは、それぞれAsynchronous転送とIsochronous転送に使用される。Asynchronous転送は、Busyやパケット再送等の強固なフロー制御を備えた転送方式、Isochronous転送は帯域保護とリアルタイム性を備えた転送方法である。

　IIDCでは、カメラ制御にAsynchronous転送、映像出力にIsochronous転送を用いるよう定められている。

3.4　Asynchronous転送の概要

　Asynchronous転送では、ノード内部のアドレス空間に読み書き等のアクセスを行うことにより実現する（後述のAsynchronous Stream転送を除く）（表3）。

　WRITEアクセスはノードに対する書き込み動作、READアクセスはノードからの読み出し動作を行う。LOCKアクセスは、ノードに対する書き込みとともにその際変化したデータの読み出しを同時に行う。Cycle StartはIsochronous転送の送信タイミング生成に使用される（後述）。

　データ単位は、QuadletとBlockの2種類がある。Quadletは1 Quadlet固定、Blockは可変長データブロックのアクセスが行える。

3.4.1　Unified Transaction

　実際の転送動作では、PrimaryパケットとACKパケットを用いたハンドシェイクで行われ

る。このハンドシェイク通信を、Subactionと呼ぶ。そして、1回のSubactionで構成される通信を、Unified Transactionと呼ぶ。

　受信側ノードはPrimaryパケット受信後直ちに内容確認を行い、約0.2μsec以内にACKパケット応答を開始する必要がある（応答処理開始後、若干遅延させることは可能）。この応答までの時間が非常に短く、パケット内容の詳細確認（指定されたアドレスが、現在アクセス可能かなど）が難しいケースがある。この場合パケットの構造チェック（データ長、CRC等）のみ行い、その結果だけを元にACKパケット応答を行うことも許可されている（図10）。

3.4.2　Split Transaction

　Unified Transactionに対して、2回のSubactionで構成される通信をSplit Transactionと呼ぶ。1回目のSubactionでアクセス要求（Request Subaction）を行い、2回目のSubactionでそれに対する応答（Response Subaction）を行う（図11）。

　Request Subactionでは、受信側ノード（カメラ）はパケット構造に問題がなければack_pendingを返す。その後、カメラは内部処理を行い、処理が完了した際にResponse Subactionを開始する。この送受信は応答であるため、送信ノード、受信ノードが入れ替わる（カメラが送信ノード、ホストPCが受信ノード）。

　Response Subactionにおいて送信側ノード（カメラ）は、Write responseパケットではACK

図10 Unified Transaction

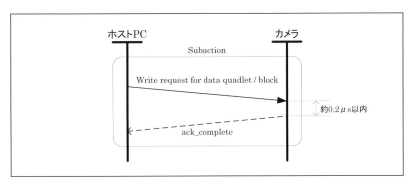

図10 Unified Transaction

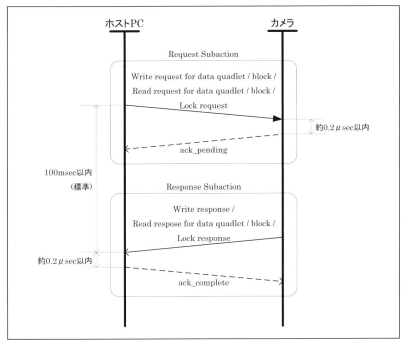

図11 Split Transaction

パケットと同様に、WRITEアクセスの可否、エラー内容を通知する。Read response for data quadlet/block, Lock responseパケットはそれに加えて、読み出されたデータが添付さる。

Request SubactionからResponse Subactionまでの期間は、標準で100msecまで延長することが許されている。ACKパケット応答の0.2μsecと比較し十分時間があるため、パケット内容の詳細確認を行えるケースが多いと考えられる。

なおREADアクセス、LOCKアクセスは読み出しデータの応答が必要であるため、Split Transactionしか存在しない。

3.4.3 Broadcast Transaction

WRITEアクセスにはUnified Transaction、Split Transactionのほかに、Broadcast Transactionがある。これは、バス上のすべてのノードに対して同時に書き込みを行うというものである（**図12**）。

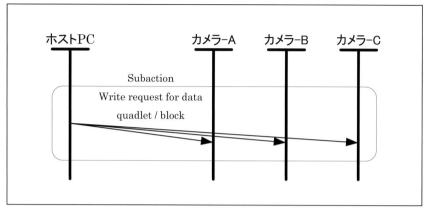

図12　Broadcast Transaction

Broadcast Transactionでは複数のノードに対して同時に送信を行うため、ACKパケット応答がない。このため、アクセスが正常に行われたか判別が難しいという欠点がある。

しかし、複数のノードに対して時間的なズレを最小としたアクセスが行える点は、厳しいタイミング制約が要求される産業用カメラに対し大きな利点となる。

その他IEEE1394では、Split Transactionにおける Request Subactionの ACKパケットとResponse Subactionの Primaryパケットを結合して送信する Concatenated Transaction、Request Subaction と Response Subaction の間に、他のアクセスを割り込んで実行するPending Transactionが定義されている。

3.5　Isochronous転送の概要

Isochronous転送は、リアルタイム性を最優先に考えた転送方法である。Asynchronous転送と比較し、以下の特徴がある。

- Asynchronous転送に割り込まれることのない、帯域が保証された転送方法。
- バス帯域の80%（1ノードでは約67%）まで利用可能。
- 利用帯域は事前登録制であり、Isochronous転送同士で帯域が競合しない。
- パケット処理を簡素化するために、Broadcast Transactionのみサポート。

3.5.1　Isochronous転送タイミング

定常状態のIEEE1394バスには、Asynchronous Cycle と Isochronous Cycleの2つの状態が交互に切り替わるバスサイクルがある。Asynchronous Cycle は Asynchronous転送のみ、Isochronous Cycle では Isochronous転送のみそれぞれ行うことができる。

バスサイクルの管理は、サイクルマスタが行う。これはバスマネージャーが兼任する。

バスサイクルは、125μsec単位で循環する。サイクルマスターははじめに、サイクルの開始を示す Cycle Startパケットを送信する。このパケットの送信が完了すると、バスは Isochronous Cycleに移行する。

Isochronous Cycle に移行後、Isochronous転送を行いたいノードは直ちに送信を開始する。送信を行うノードがなく、一定期間パケットが送信されない期間（Subaction Gap）経過すると、バスは Asynchronous Cycleに移行する（**図13**）。

Isochronous Cycle はバス全体域の80%まで占有することができ、残りの帯域が Asynchronous Cycleに割り当てられる。バスサイクル後、直ちに Isochronous Cycleに入るため、Asynchronous転送より Isochronous転送が優先的に処理される。

3.5.2　Isochronous転送の帯域管理

Isochronous転送の帯域管理は、Isochronous

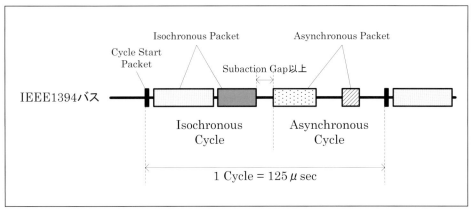

図13 バスサイクル

Resource Manager（以下IRM）が行う。これは
バスマネージャーが兼任する。

Isochronous転送を行いたいノードは、IRM
に対し帯域の確保を要求する。IIDCの場合、こ
の帯域確保は実際にIsochronous転送を行うカ
メラではなく、Isochronous転送を受信するホ
ストPCが行う。

仕様上、1つのノードがIsochronous帯域す
べてを占有することはできない。**表4**に、バス
速度ごとの有効帯域をまとめる。

3.5.3 Isochronousパケットの送受信

前述のとおり、Isochronous転送はすべて
Broadcast Transactionとなる。これにより、
Isochronousパケットには宛先（DestinationID）
フィールドがない。また、送信元（SourceID）を
示すフィールドもない。Isochronous転送のルー
ティングは、Isochronous Channelを使用して
行われる。

Isochronous ChannelはIEEE1394バス上で64
個（Channel 31は後述のAsynchronous Stream

で使用するため、実質63個）存在し、その管理
はIRMが行う。Isochronous転送を行いたいノー
ドは帯域同様に、IRMに対しChannelの確保を
行う。IIDCでは、Channel確保もホストPCが
行う。

Isochronous転送において、送信側はIso-
chronous ChannelをIsochronousパケットに付
記する。受信側はIsochronous Channelからデー
タ判別を行い、受信する。

Isochronous転送では、ACKパケットを使用
しない。送信側はデータ準備が整い次第、受信
側の確認なしに送信を行える（**図14**）。

3.6 Asynchronous Streamパケットの概要

Asynchronous Streamパケットは、Asyn-
chronous転送とIsochronous転送の両方の特徴
をもっている。

- 転送が行われるのはAsynchronous Cycle
  であり、帯域は保護されない。
- Isochronousパケットと同じ構造であり、
  Isochronous Channel（標準ではChannel

表4 Isochronous帯域

バス速度	Isochronous 帯域全体	1ノード当たりの 最大帯域
S400	300 Mbps	250 Mbps
S800	600 Mbps	500 Mbps
S1600	1.2 Gbps	1 Gbps
S3200	2.4 Gbps	2 Gbps

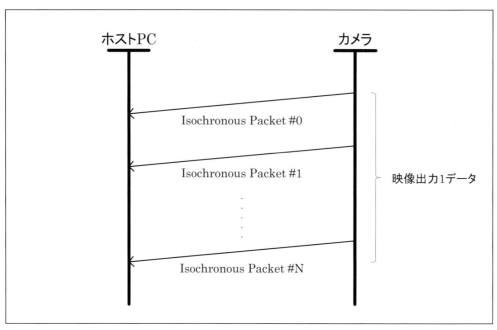

図14　Isochronousパケット送信

31）を用いてルーティングが行われる。
- 転送はBroadcast Transactionで行われ、ACKパケットは存在しない。

Asynchronous Streamパケットを拡張したものに、Global Asynchronous Stream Packet（以下GASP）があり、これはパケットのデータフィールドに、独自の構造を定義したものである。

GASPの最も大きな特徴は、追加された構造によってマルチキャスト通信を実現した点にある。これによって、IP over 1394（IEEE1394バスでEthernet接続を実現）が可能になった。

産業用では殆ど利用されていないが、東芝テリー社製カメラ「FireDragon2シリーズ」ではイベント通知（カメラ内部の状態を能動的に通知）機能で使用されている。

4．IEEE1394の今後の展望

民生機器では停滞しているものの、現在、産業用に幅広く利用されている。一部のメーカからS1600をサポートした機器が発表されており、今後さらなる広帯域化と拡張が進むと予想される。

5．IEEE1394規格の入手方法

IEEE1394の規格は、IEEEが管理しており、規格書はIEEEホームページ（http://www.ieee.org/）のオンラインショップで購入できる。2011年現在、最新版である「1394-2008 IEEE Standard for High-Performance Serial Bus」が$346（IEEEメンバーは$275）で販売されている。

3章 インタフェイス

3.4
USB2.0/3.0 の比較

USB3.0 Version 1.0 がリリースされてから約3年が経ち、コンシューマ市場では、USB3.0 に対応した機器が徐々に増えてきている。5Gbps というデータレートは、コンシューマ向けのシリアルインタフェイスとしては最も速く、高速な画像転送を必要とする産業用画像機器の分野においても USB3.0 は注目のインタフェイスである。
USB3.0 の主な特徴として、以下が挙げられる。

- データレート ：5Gbps。
- 最大伝送距離 ：3m。
- 給電能力 ：最大 900mA。
- 後方互換性があり、これまでの USB デバイスも USB3.0 のポートに接続して使用でき、USB3.0 デバイスもこれまでの USB ホストに接続して使用できる。

5Gbps のデータレートをもつ SuperSpeed の追加により、データ転送部について大きく仕様が追加されている。
本稿では、主に USB2.0 との差異と、USB3.0 で追加された仕様について説明する。

1. USB3.0のシステム構成

1.1 バストポロジ

バストポロジは、USB2.0 からの変更はない。ハブは5段まで接続可能で、ペリフェラルデバイスとハブを含めて最大127台まで接続できる。
USB3.0 では、USB2.0 と下位互換性を保つためにデュアルバスアーキテクチャが採用されている。図1 を見てもわかるように、これまでのUSB2.0 の回路 (Non-SuperSpeed) に、USB3.0 で追加された SuperSpeed の回路が追加された形となっている。

1.2 ケーブルとコネクタ

USB3.0 では、ケーブル、コネクタについても SuperSpeed 通信用の信号線が追加されている。D+/D- の対は Non-SuperSpeed 通信用、SSTX+/SSTX-、SSRX+/SSRX- の2対が SuperSpeed 通信用となる (図2)。
Standard-A コネクタ (ホスト側コネクタ) の外見に変更はないが、内部に SuperSpeed 通信用の端子が追加されている。USB3.0 Standard-A コネクタは、USB2.0 Standard-A コネクタと区別できるように、プラスチックのハウジング部に青色を使用することが推奨されている (図3、4)。
Standard-B コネクタ (デバイス側コネクタ) は、上部に SuperSpeed 通信用の端子が配置され、突起する形になっている。USB2.0 Standard-B

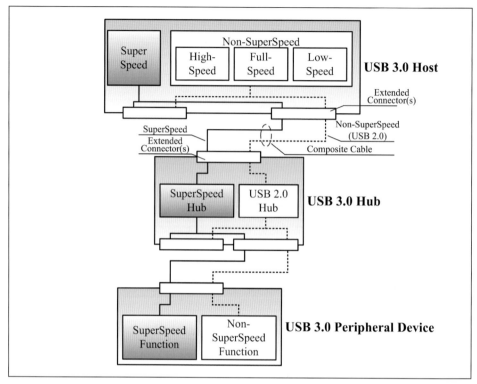

図1　USB3.0のシステム構成

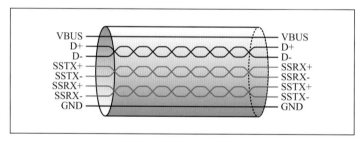

図2　USB3.0ケーブル

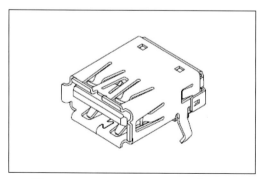

図3　USB3.0 Standard-A レセプタクル

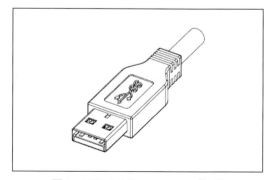

図4　USB3.0 Standard-A プラグ

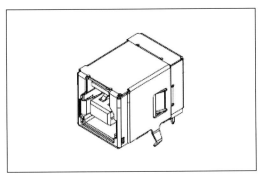

図5　USB3.0 Standard-B レセプタクル

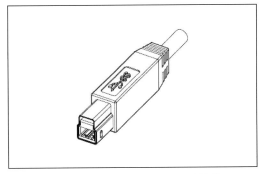

図6　USB3.0 Standard-B プラグ

レセプタクルにUSB3.0 Standard-Bプラグの挿入はできないが、USB3.0 Standard-BレセプタクルにUSB2.0 Standard-Bプラグの挿入はできる。その際、デバイスはUSB2.0デバイスとして動作する必要がある（**図5**、**6**）。

※ **図3** ～ **6** は、Universal Serial Bus 3.0 Specification より抜粋

2. データフローモデルと転送方式

2.1　データフローモデル

USB3.0においても、USB2.0で使用されていたエンドポイント、パイプの概念は変わらない。

パイプとはホスト-デバイス間でデータ交換を行うための仮想的なリンクである。エンドポイントとはデバイス側に用意された通信用の

バッファである。

エンドポイント0に接続されたパイプは、デフォルトコントロールパイプと呼ばれ、デバイスの初期化や管理などに使用するため、常に使用可能な状態にしておく必要がある。デフォルトコントロールパイプにはコントロール転送を使用する。

その他のエンドポイントの構成は、インタフェイスによって変化する。インタフェイスとは機器のもつ機能に相当するもので、詳細はデバイスクラスにて規定される。たとえば、動画出力機能と画像メモリ機能をもつカメラの場合、動画出力機能はビデオクラス、画像メモリ機能はマスストレージクラスのインタフェイスを使用する。**図7**に、マスストレージクラスの構成例を示す。

3章　インタフェイス

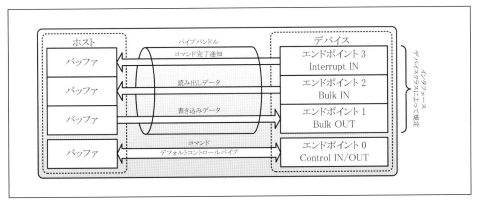

図7　マスストレージクラスの構成例

2.2　転送方式

　転送方式もUSB2.0と同様にコントロール転送、バルク転送、インタラプト転送、アイソクロナス転送をサポートするが、パケットシーケンスについては、SuperSpeedにて大きく変更された。詳細は、後述する3.3.4パケットシーケンスの項にて説明する。

　表1に各転送方式の最大パケットサイズを示す。

　また、SuperSpeedから追加された機能として、バースト転送、バルクストリームがある。

　バースト転送とは、データ要求、ACK応答のハンドシェークなしに、続けてデータを送ることができる機能である。バースト転送により、伝送効率が向上する（**図8**）。

　バルクストリームとは、バルク転送に追加された機能で、複数のストリームデータに個々のストリームIDを付加し、それらをまとめてひとつのエンドポイントにて伝送する機能である。複数のリクエストに対し、ストリームの準備ができた順に伝送することができるため、大容量のストレージをランダムにアクセスする場合などに有効である（**図9**）。

表1　転送方式と最大パケットサイズ

転送方式	USB 3.0 SuperSpeed	USB 2.0 HighSpeed
コントロール転送	512 Bytes	64 Bytes
バルク転送	1,024 Bytes （バースト転送 1,024×16）	512 Bytes
インタラプト転送	1,024 Bytes （バースト転送 1,024×3）	1,024 Bytes （HighBand転送 1,024×3）
アイソクロナス転送	1,024 Bytes （バースト転送 1,024×16×3）	1,024 Bytes （HighBand転送 1,024×3）

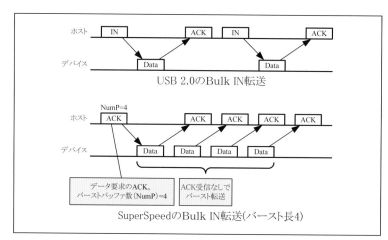

図8　バースト転送

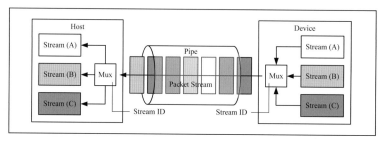

図9　バルクストリーム

3. SuperSpeedの通信階層

続いて、SuperSpeedの通信階層について説明する。SuperSpeedの通信階層は、物理層、リンク層、プロトコル層からなっている。

3.1 物理層

物理層では、SuperSpeedの信号伝達について規定している。**図10**はSuperSpeedの簡易的な接続図である。Non-SuperSpeedではDCレベルで信号を送っていたが、SuperSpeedではACカップリングすることになっている。

ACカップリングで伝送することにより、DC電位差による問題がなくなり、コモンモードノイズに強くなるなどの長所があるが、信号レベルに変化がない場合、受信側でデータやクロックの再生が困難となる。

そこで、SuperSpeedではデータのエンコード方式に8b/10bを採用し、安定したデータの転送とクロックの再生を実現している。8b/10bは8bitの信号を10bitの信号に拡張して、LowまたはHighの期間が3クロック以下になるように変換する。この2bitの拡張により20%の帯域を消費するため、SuperSpeedの実際のデータ帯域は、5Gbps×0.8＝4Gbpsとなる。

3.2 リンク層

リンク層では、接続された2つのポート（リンクパートナーと呼ぶ）間の正常なデータ転送が保証されるように、エラー検出とフロー制御の方法が定義されている。

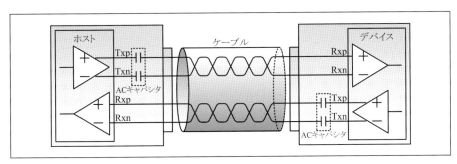

図10 SuperSpeedの簡易接続図

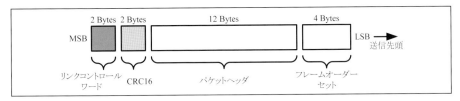

図11 ヘッダパケットの構成

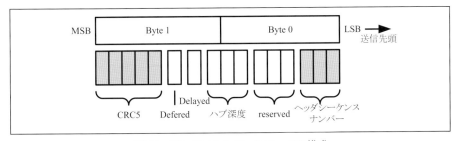

図12 リンクコントロールワードの構成

3.2.1 ヘッダパケット

SuperSpeedのプロトコル層で定義されている各パケット（LMP、TP、DP、ITP）は20バイトのヘッダパケットを含む（実際には、DP以外はヘッダパケットのみで構成されている）。

ヘッダパケットは、フレームオーダーセット（パケットの開始を表す）、パケットヘッダ（プロトコル層にて使用）、リンクコントロールワードから構成される。

リンク層では、パケットヘッダのCRC-16、およびリンクコントロールワードのCRC-5、ヘッダシーケンスナンバーでデータの整合性確認を行う（**図11**、**12**）。

3.2.2 リンクコマンド

リンクコマンドは受信したヘッダパケットのデータ整合性確認、フロー制御、および電源管理に使用される。リンクコマンドは8バイトで構成され、エラー耐性を高めるため、リンクコマンドのデータは2回送信される（**図13**）。

リンクコマンドには、**表2**に示すコマンドが用意されている。

3.2.3 リンクコマンドによるフロー制御

図14にリンクコマンドによるフロー制御の例を示す。**図14**はヘッダシーケンスナンバー0の転送が成功（①〜③）した後、ヘッダシーケンスナンバー1の転送に失敗してリトライ（④〜⑨）した例である。

① トランスミッタ側から、ヘッダシーケンスナンバー0のヘッダパケットが送信される。

② レシーバは、ヘッダシーケンスナンバーおよびCRCを確認し、問題がない場合はLGOOD_0を送信。

③ ヘッダパケットをAのバッファに格納したので、LCRD_Aを送信。

④ トランスミッタ側から、ヘッダシーケンスナンバー1のヘッダパケットが送信される。

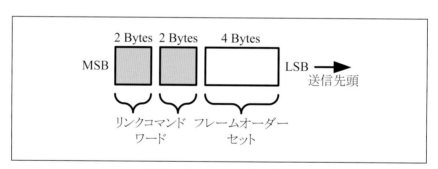

図13　リンクコマンドの構成

表2　リンクコマンド

LGOOD_n	(n=0,1,2,…7：ヘッダシーケンスナンバー)： 受信したヘッダパケットが有効である場合に送信する。LGOOD_nは、ヘッダシーケンスナンバーnのヘッダパケットを正常に受信したことを示す。ヘッダシーケンスナンバーは0から始まり、ヘッダパケット送信ごとにインクリメントされ、7の次は0に戻る。
LBAD	受信したヘッダパケットが無効である場合に送信する。
LCRD_x	(x=A,B,C,D：Rxヘッダバッファクレジットインデックス)： レシーバのヘッダパケットを格納するバッファが使用可能であることを示す。LCRD_xは、A,B,C,Dのアルファベット順に送信され、Dの次はAに戻る。
LTRY	LBADの受信後にヘッダパケットを再送する場合に送信する。
LGO_U1/U2/U3, LAU,LXU,LPMA	電源のステート管理に使用する。
LUP	デバイスがU0ステートにあることを示す。デバイスが抜かれたことを検出するために用いられる。

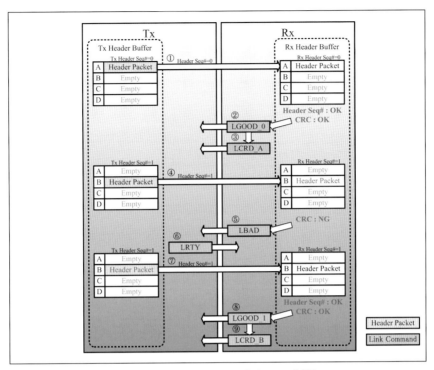

図14　リンクコマンドによるフロー制御

⑤ レシーバが、CRCエラーを発見したので、LBADを送信。

⑥ トランスミッタはヘッダシーケンスナンバー1のヘッダパケットを再送するため、LRTYを送信。

⑦ トランスミッタ側から、ヘッダシーケンスナンバー1のヘッダパケットが再送される。

⑧ レシーバは、ヘッダシーケンスナンバーおよびCRCを確認し、問題がない場合はLGOOD_1を送信。

⑨ ヘッダパケットをBのバッファに格納したので、LCRD_Bを送信。

3.3 プロトコル層

SuperSpeedのプロトコル層では、4つのパケットタイプが定義されている。

- **LMP**（Link Management Packets）：
  リンクパートナー間で通信が行われる。主にリンクを管理するために使用する。

- **TP**（Transaction Packets）：
  ホスト-デバイス間で通信が行われる。フロー制御や接続の管理に使用する。

- **DP**（Data Packets）：
  ホスト-デバイス間で通信が行われる。データの送信に使用する。

- **ITP**（Isochronous Timestamp Packets）：
  ホストからすべてのデバイスにマルチキャストされる。タイムスタンプを送信するために使用する。

　次に、プロトコル層でのパケットシーケンスの理解に必要となるTP（Transaction Packets）とDP（Data Packets）について説明する。

3.3.1　TP（Transaction Packets）

　TPに用意されているサブタイプを**表3**に示す。また、TPの代表的なパケットであるACK TPの構造を**図15**ならびに**表4**に示す。

表3　TPのサブタイプ

ACK TP (acknowledgement)	INエンドポイントでは、ホストからデバイスへのデータ要求および、直前に受信したデータパケットのACKとして使用される。 OUTエンドポイントでは、デバイスが直前に受信したデータパケットのACKおよび、受信後に使用可能なバッファ数を通知するために使用する。
NRDY TP (Not Ready)	デバイスのアイソクロナス以外のエンドポイントからホストに送信することができる。 OUTエンドポイントは、ホストからのデータパケットを受信できるだけのバッファがないことをホストに通知する。 INエンドポイントは、ホストに送信するデータパケットが用意できていないことをホストに通知する。
ERDY TP (Endpoint Ready)	デバイスのアイソクロナス以外のエンドポイントからホストに送信することができる。 エンドポイントのデータパケット送受信の準備ができたことをホストに通知する。
STATUS TP	ホストからデバイスに送信される。コントロール転送のセットアップステージの開始を通知する。
DEV_NOTIFICATION TP (Device Notification)	デバイスやインタフェイスの状態が変化したときに、デバイスからホストに通知される。
PING TP	ホストがアイソクロナス転送を開始する前にデバイスのリンク状態をU0に戻すために使用される。
PING_RESPONSE TP	ホストからのPING TPへの応答として、デバイスからホストに送信される。

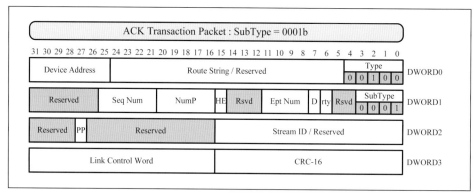

図15　ACK TPの構造

表4　ACK TPの各フィールドの説明

Type	パケットタイプを示す。TPは00100bである。
Route String	ハブがパケットのルーティングのために使用する。
Device Address	ホストによって割り当てられたデバイスのアドレス。
SubType	TPのサブタイプ。ACKは0001b。
rty	データの再送要求をするときにセットされる。
D	データフローの方向を示す。 0：ホストからデバイス 1：デバイスからホスト
Ept Num	エンドポイント番号を示す。
HE	ホストが有効なデータパケットを受信できなかった場合にセットされる。
NumP	受信できるパケット数を示す。最大バーストサイズ以下である必要がある。
Seq Num	予測される次のデータのシーケンスナンバーを示す。
Stream ID	バルクストリームにて使用するストリームIDを示す。
PP	ホストがパケットを保持していることを示す。
CRC-16/Link Control Word	リンク層にて使用。3.2リンク層を参照。

3.3.2　DP（Data Packets）

次に、DPの構造を示す。DPはヘッダ部：DPH（Data Packet Header）とペイロード部：DPP（Data Packet Payload）で構成される（**図16**）（**表5**）。**図16**、**表5**は、ACK TPと異なるフィールドのみの説明である。

3.3.3　アドレッシングトリプル

プロトコル層のデータフローは、TPおよびDPのデバイスアドレス、エンドポイント番号、データフローの方向により決定する。初期状態のデバイスアドレスは0で、ホストにより1から127のアドレスが与えられる。デバイスは最大で各15個のINエンドポイントとOUTエンドポイントをサポートすることができる。

3.3.4　パケットシーケンス

- **コントロール転送**

コントロール転送は、セットアップステージより始まり、ステータスステージで終了する。データが必要な場合は、セットアップステージとステータスステージの間にデータを送る。データの送信方向（IN転送もしくはOUT転送）はセットアップステージにて決まる（**図17**）。

- **バルク転送**

バルクIN転送は、ホストからのデータ要求を示すACKから始まり、データの受領を示すACKで終了する。バルクOUT転送は、ホストからのデータ送信から始まり、データ受領のACKで終了する（**図18**）。

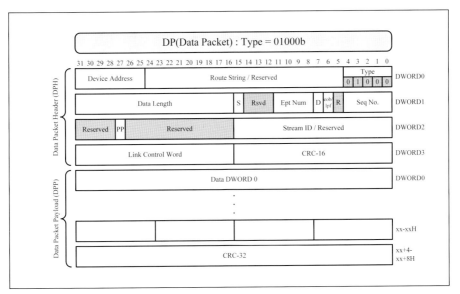

図16　DPの構造

表5　DPの各フィールドの説明

Type	パケットタイプを示す。DPは01000bである。
Seq Num	ACK TPに対応するシーケンスナンバー。
eob/lpf	アイソクロナス転送以外の場合はバースト転送終了を、アイソクロナス転送の場合は現在のサービス間隔（125us）での最終パケットであることを示す。
S	このDPがコントロール転送のセットアップデータパケットであることを示す。
Data Length	以下に続くDPPのCRC-32を除くデータ数をバイト単位で示す。
Data	データのペイロード部。
CRC-32	データのペイロード部に対するCRC-32。データ長が4の倍数でない可能性があるため、このフィールドはDWORD境界に配置されるとは限らない。

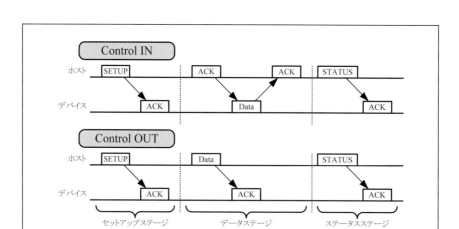

図17　コントロール転送のシーケンス

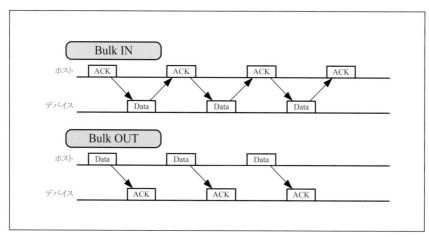

図18　バルク転送のシーケンス

- **インタラプト転送**

　インタラプト転送のパケットシーケンスは、バルク転送と同じである。バルク転送と異なる点は、インタラプト転送はサービスインターバル（125us）内のデータ転送が保証される点である（**図19**）。

- **アイソクロナス転送**

　アイソクロナス転送もインタラプト転送と同様にサービスインターバル（125us）内のデータ転送が保証さるが、データ欠損時の再送を行わないため、データ受領のACKを発行しない（**図20**）。

3.4　デバイスフレームワーク

　デバイスフレームワークでは、USBデバイスがバスに接続されてからの挙動やデバイス情報を取得する方法などを規定している。

3.4.1　デバイスステータス

　USBデバイスの状態遷移は次のように定義されている。**図21**にデバイスステータスを示す。

- **Attached**：デバイスがUSBに接続された状態。
- **Powered**：Attached後、バスパワーの検出をするとPoweredステートに遷移する。
- **Default**：Link Trainingに成功すると

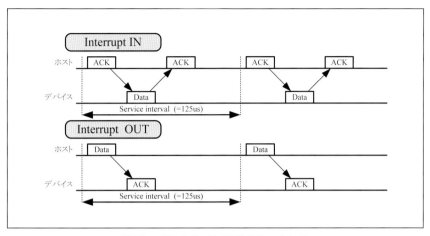

図19　インタラプト転送のシーケンス

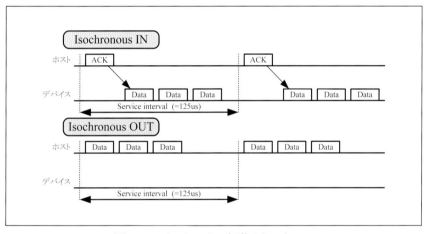

図20　アイソクロナス転送のシーケンス

Defaultステートに遷移する。このとき、デバイスアドレスは0である。レシーバー（Rx）の終端を検出できない、もしくはLink Trainingに失敗すると、デバイスはUSB2.0（Non-SuperSpeed）で接続されることになる。

- **Address**：ホストからデバイスアドレスが与えられ、Addressステートに遷移する。
- **Configured**：デバイスの設定が完了し、使用可能な状態である。
- **Suspended**：省電力状態に遷移していることを示す。

3.4.2　デバイスリクエスト

デバイスの各種設定を行うために、デバイスリクエストと呼ばれるコマンドが定義されている。デバイスリクエストはデフォルトコントロールパイプを通してコントロール転送にて行う。**表6**は、規格で用意されている標準デバイスリクエストである。

3.4.3　ディスクリプタ

デバイスはデバイスのもつ各種情報をホストに通知するためのディスクリプタと呼ばれるデータ構造体を用意する。ホストはデバイスリクエストによりディスクリプタの取得／設定が

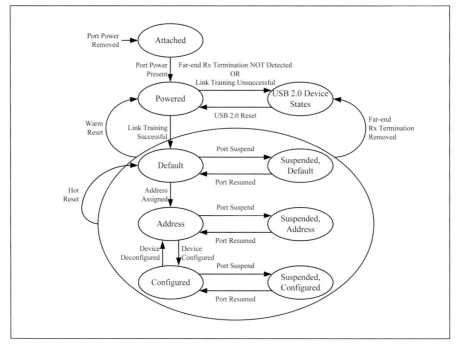

図21　デバイスステータス

表6　標準デバイスリクエスト

CLEAR_FEATURE	特定機能をクリアする時に使用する。
GET_CONFIGURATION SET_CONFIGURATION	デバイスコンフィグレーションの取得／設定に使用する。
GET_DESCRIPTOR SET_DESCRIPTOR	ディスクリプタの取得／設定に使用する。
GET_INTERFACE SET_INTERFACE	インタフェイスの代替設定の取得／設定に使用する。
GET_STATUS	デバイスの動作状態を取得する。
SET_ADDRESS	デバイスアドレスの設定に使用する。
SET_FEATURE	省電力モードなどの設定に使用する。
SET_ISOCH_DELAY	アイソクロナスパケットのディレイ時間を設定する。
SYNCH_FRAME	アイソクロナスパケットを同期させるために使用する。
SET_SEL	省電力モードからの復帰時間を設定する。

できる。**表7**は、規格で用意されている標準ディスクリプタである。

3.4.4　デバイスクラス

　デジタルカメラの撮影機能やプリンタの印刷機能など、実際のUSB機器としての機能をコントロールするためには、別途、デバイスクラスの規格書を参照する必要がある。個々のデバイスクラスの詳細については割愛するが、デバイスクラスに準拠することで、標準のデバイスドライバを使用することができるため、システム開発の工数を削減することができる。

　図22は、ビデオクラスの構成例である。ビデオクラスはUSBのWebcamなどに用いられ、様々なOSもサポートしているため、民生機器においては広く使用されている。

　ビデオクラスでは、カメラコントロールはコントロール転送、映像データの転送はバルクもしくはアイソクロナス転送、撮影開始などカメラの状態の通知にはインタラプト転送を使用する。

表7　標準ディスクリプタ

Device Descriptor	デバイスの基本的な情報を格納する。格納される情報として、対応するUSBのバージョン、デバイスクラス、ベンダID、プロダクトIDなどがある。
Configuration Descriptor	デバイスは1つ以上のコンフィグレーションが必要である。コンフィグレーションとは、インタフェイスと同様、機器のもつ機能に相当するもので、複数の機能を切り替えて使用するときは、コンフィグレーションを切り替える。ディスクリプタには、コンフィグレーションがもつインタフェイスの数や消費電力情報などを格納する。
Interface Association Descriptor	複数のインタフェイスをひとつのファンクションとして扱う場合に用意する。
Interface Descriptor	1つのコンフィグレーションには、1つ以上のインタフェイスが必要である。ディスクリプタには、インタフェイスがもつエンドポイントの数やサポートするデバイスクラスの情報を格納する。
Endpoint Descriptor	1つのインタフェイスには、0以上のエンドポイントが必要である。ディスクリプタには、エンドポイントに関する情報（通信の方向、転送方式、マックスパケットサイズなど）を格納する。
SuperSpeed Endpoint Companion Descriptor	エンドポイントディスクリプタに従属するディスクリプタで、バースト転送やストリームなどSuperSpeedで追加された機能に関する情報を格納する。
Binary Device Object Store (BOS) Descriptor	拡張機能に関する情報を格納します。以下の3つのディスクリプタが続く。 ・USB2.0 Extension：USB 2.0のHighSpeedモードにおいて、LPM(Link Power Management)をサポートするかどうかを示す。 ・SuperSpeed USB Device Capability：サポートしている通信速度や、省電力モードからの復帰時間についての情報を格納する。 ・Container ID：デバイスに一意のID（UUID）が割り当てられている場合、これを格納する。ハブでは必須だが、デバイスではオプションである。
String	オプションで、文字列の情報を格納することができる。

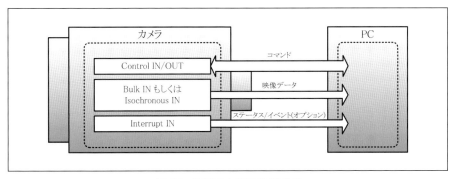

図22　ビデオクラスの構成例

4．今後の展望

　以上、USB3.0規格の概要について紹介したが、これまで、USBは産業用画像機器の分野では、他のインタフェイスに比べデータ転送速度が遅かったため、あまり主流ではなく、標準的なプロトコルも用意されてこなかった。しかし、アメリカの産業用画像機器分野の標準化団体であるAIA（Automated Imaging Association）を中心に、USB3.0に対応した標準プロトコルの規格化の検討が始まった。まだ検討が始まったばかりだが、今後、USB3.0を搭載した産業用画像機器が増えてくるものと期待される。

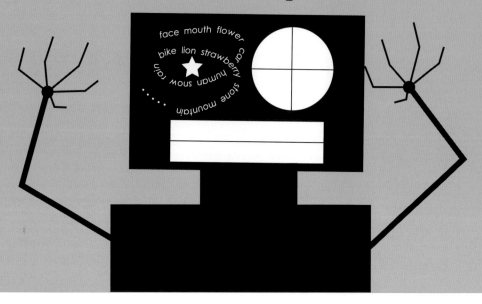

3章 インタフェイス

3.5
CoaXPress 規格

CoaXPress とは、産業用カメラが撮像した映像信号を画像処理用のフレームグラバボードなどに伝送するためのデジタルインタフェイス規格のひとつ。2010 年 12 月に日本の産業用画像機器分野の標準化団体である日本インダストリアルイメージング協会（Japan Industrial Imaging Association：以下 JIIA）により策定された。

最大の特徴は、1 本の同軸ケーブルにより画像出力、カメラ制御、カメラ電源の接続が行える点にある。アナログカメラで実績のある同軸ケーブルを利用できることは、非常に大きなメリットとなる。主な特徴は、以下のとおりである。

- アナログカメラと同じ、特性インピーダンス 75 Ω の同軸ケーブルを使用。
- 同軸ケーブル 1 本で、最大 6.25 Gbps（8b/10b 方式により、データ転送レートは最大 5Gbps）の高速映像出力が可能。
- カメラに対する送信パケットは、20.83Mbps（8b/10b 方式により、データ転送レートは 16.67Mbps）にて伝送。
- 電源供給は、同軸ケーブル 1 本あたり最大 13W まで。
- 同軸線路を追加（拡張リンク）することにより、映像出力帯域と電源供給を拡張可能（たとえば 2 本の同軸ケーブルで、最大 12.5Gbps/26W の接続が可能）。
- リアルタイム性の高いトリガ／ GPIO 信号を、最小限のディレイおよびジッタでパケット化。
- オープンな規格であり、ロイヤリティーフリー

1. CoaXPress システムの構成

1.1 バス構成について

CoaXPress は、カメラとホスト PC が 1 対 1 で接続される。接続は 1 本のマスタリンクと、さらなる広帯域化に使用するオプションの拡張リンクによって行われる（**図1**）。

1.2 通信速度について

同軸ケーブル 1 本あたりの速度によって、CoaXPress に準拠する製品（カメラ、ボード、ケーブル等）には**表1**のようにラベルが振れている。

1.3 ケーブルとコネクタ

ケーブルは一般的に、CoaXPress 規格に準拠した「CXP ケーブル」を使用する。これは減衰量を元に規定され、最大動作速度ごとにラベルが振られている。

規格上、最大ケーブル長の規定はない。目安として、Belden 社 1694A 同軸ケーブル同等品におけるケーブル長を**表2**に記載する。

既存システムへの置き換えのため、CXP ケー

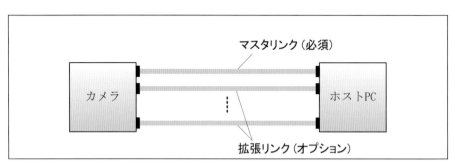

図1 バス構成

表1 CoaXPressのラベル

最大動作速度	ラベル
1.25 Gbps	CXP-1
2.5 Gbps	CXP-2
3.125 Gbps	CXP-3
5 Gbps	CXP-5
6.25 Gbps	CXP-6

表2 目安となるケーブル長

最大動作速度	目安となるケーブル長
1.25 Gbps	130m
2.5 Gbps	110m
3.125 Gbps	100m
5 Gbps	60m
6.25 Gbps	40m

ブルではないアナログカメラで使用していた同軸ケーブルも使用できる。ただしこの際は、エラー率評価などの事前検証が必要となる。

コネクタは、アナログカメラと同様にBNCコネクタを使用する。コネクタ形状は同一だが、アナログビデオ信号と異なり広帯域通信を行うため、CoaXPressの規格書に記載されている仕様を満たすコネクタである必要がある。

2. CoaXPressの信号仕様

2.1 各種信号の重畳

CoaXPressでは、1本の同軸ケーブルに以下の信号が重畳されている。

- 電源（DC供給）。
- 20.83 Mbpsのロースピードリンク（ホストPCからカメラに送信されるアップリンクに使用）。
- 1.25 〜 6.25 Gbpsのハイスピードリンク（カメラからホストPCに送信されるダウンリンクに使用）。

ロースピードリンクの場合、基本波が10.42MHz（最も周波数の高い1/0繰り返しパターンの場合、2bitで1周期となる）。6.25 Gbpsのハイスピードリンクでは、基本波が3.13GHzである。高調波を含めて周波数帯域が離れているため、すべての重畳信号はフィルタによって分離が行える（**図2**）。

2.2 電源供給

ケーブル1本あたり、標準電圧24Vで13Wまで電源供給ができる。拡張リンクを使用することにより、供給能力を増大させることも可能である。

ケーブル長による電圧降下を考慮し、カメラ側は18.5V 〜 26Vで動作することが規定されている。

2.3 ハイスピードリンク

カメラからホストPCに対する送信に使用されるシリアル信号である。625Mbpsを基準とする整数倍の帯域を使用する。8b/10b方式を採用しているため、データ転送レートは**表3**のようになる。

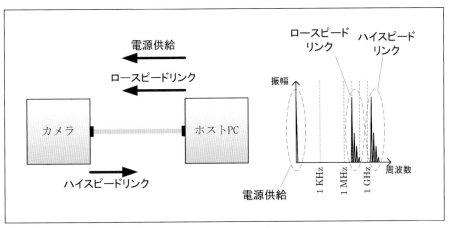

図2　各種信号の重畳

表3　ハイスピードリンクのデータ転送レート

ラベル	伝送帯域	データ転送レート
CXP-1	1.25 Gbps	1.0 Gbps
CXP-2	2.5 Gbps	2.0 Gbps
CXP-3	3.125 Gbps	2.5 Gbps
CXP-5	5 Gbps	4.0 Gbps
CXP-6	6.25 Gbps	5.0 Gbps

表4　パケットタイプ

パケットタイプ	データ長	説明
トリガ	6キャラクタ もしくは 2ワード	パケット化されたトリガ信号
GPIO	2ワード	パケット化されたGPIO信号
I/O ACK	2ワード	トリガ / GPIOパケットに対するAck
データ	4ワード以上	カメラ制御、映像出力などデータアクセスに関わる

2.4　ロースピードリンク

ホストPCからカメラに対する送信に使用される、20.83Mbpsのシリアル信号。これは、125Mbpsの1/6にあたる速度である。8b/10b方式を採用しているため、データ転送レートは16.67Mbpsとなる。

3.　CoaXPressのプロトコル

3.1　パケットタイプ

パケット構造は、ロースピードリンク、ハイスピードリンクでほぼ共通である。

基本的にパケットは、「ワード」と呼ばれる4Byte単位を基準に行われる（ソフトウェア設計で用いられるWORD型とはデータサイズが異なるので注意）。

トリガパケットのみロースピードリンク、ハイスピードリンクで異なる構造であり、ロースピードリンクではワード単位ではなくByte単位（CoaXPressではキャラクタという単位で表現）で構成される。このパケットのみ、上記条件の例外となる（**表4**）。

3.2　パケットの挿入

CoaXPressでは高いリアルタイム性を実現するため、パケット出力中に優先順位の高い別のパケットを挿入できるようになっている。これ

表5　パケットの優先順位

優先順位	パケットタイプ
0（最高）	トリガ
1	I/O ACK（トリガの応答）
2	GPIO
3	I/O ACK（GPIOの応答）
4	データ（コントロールデータ以外）
5（最低）	データ（コントロールデータ）

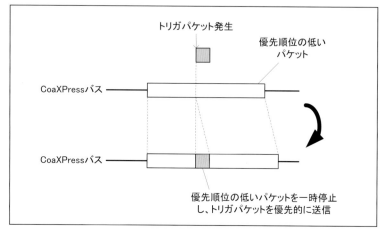

図3　パケットの挿入

はトリガやGPIOなど、リアルタイム性の高い信号がシリアルバスのトラフィックによって左右されないようにするためである。

　リアルタイム性の高いトリガやGPIOは、他のパケットより高い優先順位に設定されている。優先順位の最も高いものは、リアルタイム性が最重要視されるトリガパケットである。**表5**に、パケットの優先順位を示す。

　優先順位の低いパケットが出力されている際、これらのパケットは出力のパケットに割り込んで送信される（**図3**）。

　パケット挿入はハイスピードリンク、ロースピードリンクとも行われる。優先順位や挿入条件などは同じだが、割り込みを行うデータ単位が異なる。ハイスピードリンクの場合、パケット挿入はワード単位で行われる（**図4**）。

　パケット挿入に起因するパケット遅延時間は、最大1ワードとなる。最もディレイの大きくなるCXP-1 1.25 Gbps（データ転送レート1Gbps）において、このディレイは32nsec（＝

1sec/1Gbps×32bit）となる。

　これに対してロースピードリンクでは、パケット挿入がキャラクタ単位で行われる（**図5**）。

　パケット挿入に起因するパケット遅延時間は、最大1キャラクタとなる。ロースピードリンクは20.83Mbps（データ転送レート16.67Mbps）において、このディレイは480nsec（＝1sec/16.67Mbps×8bit）となる。

3.3　トランザクション
3.3.1　基本のトランザクション

　CoaXPressのトランザクションは、映像出力を行うストリームデータパケットを除き、ハンドシェイクによる通信で実現される（**図6**）。

3.3.2　暫定のコマンドACKを使用したトランザクション

　コマンドコントロールからコマンドACKまでのタイムアウトは、CoaXPressの規格で200msecに定められている。カメラもしくは

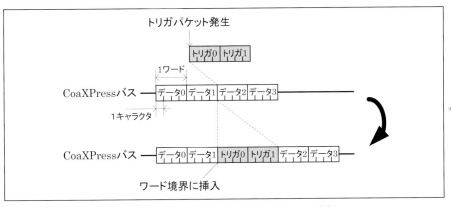

図4 ハイスピードリンクの場合のパケット挿入

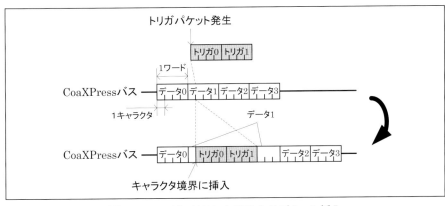

図5 ロースピードリンクの場合のパケット挿入

ホストPCの内部処理時間がこれよりも長い場合、コマンドACKが間に合わずにタイムアウトしてしまう。

このような問題を想定し、応答まで時間を有する可能性があるパケット（コントロールコマンド／ ACK）の場合は、暫定のコマンドACKを送信して応答を先延ばしすることができる（**図7**）。

3.3.3 ストリームデータのトランザクション

映像出力を行うストリームデータの場合、ハンドシェイク通信を行わない。送信側は送信パケットの準備ができ次第、直ちに出力を行う（**図8**）。

3.4 パケットの構造

CoaXPressのパケット構造は、次のような特徴がある。

- データパケットのペイロード以外（トリガ、GPIO、I/O ACKとデータパケットヘッダ）は、同一キャラクタを4回送信することによる多数決方式のシングルビットエラー検出、訂正を行なっている（ロースピードリンクトリガパケットのみ3回送信）。
- データパケットのペイロードは、CRC演算によるエラー検出を行なっている。

これによりデータ長の短いパケットはエラー検出と訂正、データ長の長いペイロードはエラー検出のみと、2段階のエラー処理を有している。

3.4.1 トリガパケット

トリガパケットはハイスピードリンクとロースピードリンクで構造が異なる（**表6**、**7**）。

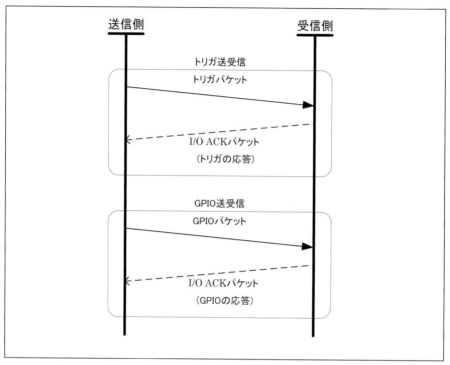

図6　基本トランザクション

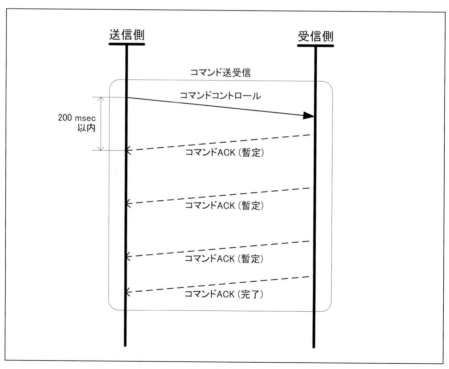

図7　コマンドACK（暫定）を用いたトランザクション

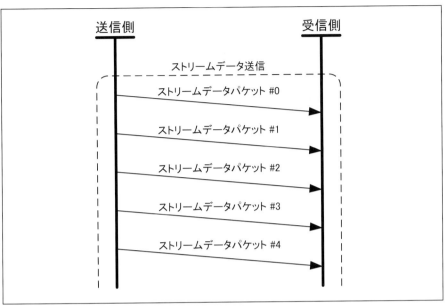

図8　ストリームデータ送信

表6　ハイスピードリンクのトリガパケット

ワード オフセット	P0	P1	P2	P3	説明
0	K28.4 or K28.2	（P0と同一）	（P0と同一）	（P0と同一）	トリガパケットの開始コード K28.4の場合は立ち上がりフラグ、K28.2 の場合は立ち下がりフラグを示す
1	Delay	（P0と同一）	（P0と同一）	（P0と同一）	トリガのディレイ値を記載

表7　ロースピードリンクのトリガパケット

キャラクタ オフセット	P0	説明
0	K28.2 or K28.4	トリガパケットの開始コード K28.2, K28.4, K28.4の場合は立ち上がりフラグ、K28.4, K28.2, K28.2の場合は立ち下がりフラグを示す
1	K28.4 or K28.2	
2	K28.4 or K28.2	
3	Delay	トリガのディレイ値を記載
4	（キャラクタオフセット3と同一）	
5	（キャラクタオフセット3と同一）	

Delayはオプションであり、パケット出力の精度補償に使用される。ハイスピードリンクで1キャラクタ（CXP-1では8nsec）単位、ロースピードリンクで2nsec単位で計測される。

3.4.2　GPIOパケット

最大8ポートのGPIO（General Purpose I/O）信号をパケットにて送信する（**表8**）。

3.4.3　I/O ACKパケット

トリガパケット、GPIOパケットに対する応答パケットである（**表9**）。

3.4.4　データパケット（コントロールコマンド）

カメラ制御コマンドを送信するパケットである。カメラ内部のアドレス空間に対し、読み出し／書き込みを行う（**表10**）。

表8 GPIOパケット

ワードオフセット	P0	P1	P2	P3	説明
0	K28.0	（P0と同一）	（P0と同一）	（P0と同一）	GPIOパケットの開始コード
1	State	（P0と同一）	（P0と同一）	（P0と同一）	論理ステート

表9 I/O ACKパケット

ワードオフセット	P0	P1	P2	P3	説明
0	K28.6	（P0と同一）	（P0と同一）	（P0と同一）	I/O ACKパケットの開始コード
1	Code	（P0と同一）	（P0と同一）	（P0と同一）	ACKコード 0x00...GPIOパケット受信OK 0x01...トリガパケット受信OK

表10 コントロールコマンド

ワードオフセット	P0	P1	P2	P3	説明
0	K27.7	（P0と同一）	（P0と同一）	（P0と同一）	データパケットの開始コード
1	0x02	（P0と同一）	（P0と同一）	（P0と同一）	コントロールコマンドパケットであることを示すフラグ
2	Cmd	Size			Cmdは、コントロール制御コードを示す 0x00...メモリ読み出し 0x01...メモリ書き込み 0xFF...コントロールチャンネルのリセット Sizeは、メモリ読み出し/書き込みを行うデータをByte単位で指定
3	Addr				メモリ読み出し/書き込みアドレス
4	Write Data				書き込みデータ このフィールドはCmd=0x01（メモリ書き込み）のみ有効であり、それ以外は省略される
…	…				…
4+（Size/4）	CRC				2〜（3+（Size/4））のCRC演算値
5+（Size/4）	K29.7	（P0と同一）	（P0と同一）	（P0と同一）	パケット終了フラグ

表11 コントロールACK

ワードオフセット	P0	P1	P2	P3	説明
0	K27.7	（P0と同一）	（P0と同一）	（P0と同一）	データパケットの開始コード
1	0x03	（P0と同一）	（P0と同一）	（P0と同一）	コントロールACKパケットであることを示すフラグ
2	Code	（P0と同一）	（P0と同一）	（P0と同一）	ACKコード 0x00...返答データ付き完了 0x01...返答データ無し完了 0x02...暫定 0x03...コントロールチャンネルリセット完了 0x40...無効アドレスエラー 0x41...指定アドレスの無効データエラー 0x42...無効コントロールオペレーションコードエラー 0x43...読み出し専用レジスタへの書き込みエラー 0x44...書き込み専用レジスタへの読み出しエラー 0x45...規定以上のデータサイズエラー 0x46...データサイズ不一致エラー 0x80...CRCエラー
2	Size				返答データのサイズをByte単位で指定
3	Reply Data				書き込みデータ このフィールドはCode=0x00（返答データ付き完了）のみ有効であり、それ以外は省略される
…	…				…
3+（Size/4）	CRC				2〜（2+（Size/4））のCRC演算値
4+（Size/4）	K29.7	（P0と同一）	（P0と同一）	（P0と同一）	パケット終了フラグ

表12 ストリームデータパケット

ワード オフセット	P0	P1	P2	P3	説明
0	K27.7	(P0と同一)	(P0と同一)	(P0と同一)	データパケットの開始コード
1	0x01	(P0と同一)	(P0と同一)	(P0と同一)	ストリームデータパケットであることを示すフラグ
2	Stream ID	(P0と同一)	(P0と同一)	(P0と同一)	複数の映像領域の同時読み出しを行う際、そのストリームデータの識別に使用する
3	Packet Tag	(P0と同一)	(P0と同一)	(P0と同一)	パケットが出力されるたびに加算されるタグ Stream IDごとに別々にカウントされる
4	DsizeP [15..8]	(P0と同一)	(P0と同一)	(P0と同一)	ストリームデータのサイズをWord単位で指定
5	DsizeP [7..0]	(P0と同一)	(P0と同一)	(P0と同一)	
6	Stream Data				ストリームデータ
…	…				…
6 + DsizeP	CRC				ストリームデータ(6〜(5+DSizeP))のCRC演算値 (2〜5は含まないため注意)
7 + DsizeP	K29.7	(P0と同一)	(P0と同一)	(P0と同一)	パケット終了フラグ

3.4.5 データパケット(コントロールACK)

コントロールコマンドに対するACK応答パケットである(**表11**)。

3.4.6 データパケット(ストリームデータ)

映像出力であるストリームデータを送信するパケットである(**表12**)。

4. ストリームデータ

4.1 ストリームマーカ

映像データは、ストリームデータパケットで送信される。パケットを生成する際に、ストリームデータにはImage HeaderとLine Markerが挿入される(**図9**)。

Image Headerには、映像データの情報が記載されている。画像に関する情報が記載されて

いるため、カメラの設定を読み出すことなく映像情報の識別を行うことができる(**表13**)。

Line Markerはラインの開始を示すために使用する(**表14**)。

4.2 マルチストリーム

CoaXPressでは、複数の異なる画像を同一バスで出力するマルチストリームを有している。たとえば、これは2つのセンサから別々の映像を読み出すステレオカメラや、全映像領域から複数の矩形で出力映像を選択できるマルチROI(Region Of Interest)などを容易に実現する機能である。

バス上のストリームデータパケットは、あたかも複数台のカメラが同じバスに存在するように構成される。互いのストリームデータパケットは疎であり、Source Tagを除くフィールド内容を互いに参照されることがなくパケットが生

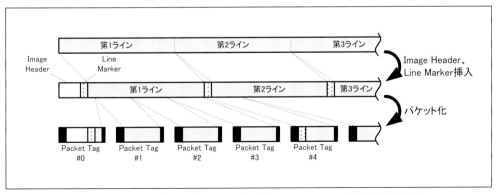

図9 ストリームデータパケットの生成(Packet Tag=0で開始した場合)

表13　Stream Header(矩形画像の場合)

ワードオフセット	P0	P1	P2	P3	説明
0	K28.3	(P0と同一)	(P0と同一)	(P0と同一)	ストリームマーカの開始コード
1	0x01	(P0と同一)	(P0と同一)	(P0と同一)	Image Headerであることを示すフラグ
2	Stream ID	(P0と同一)	(P0と同一)	(P0と同一)	Stream ID(パケットヘッダと同じID)
3	Source Tag [15:8]	(P0と同一)	(P0と同一)	(P0と同一)	ソース画像のインデックス
4	Source Tag [7:0]	(P0と同一)	(P0と同一)	(P0と同一)	映像データが1フレーム経過するごとに1加算される
5	Xsize [23:16]	(P0と同一)	(P0と同一)	(P0と同一)	
6	Xsize [15:8]	(P0と同一)	(P0と同一)	(P0と同一)	水平画素数
7	Xsize [7:0]	(P0と同一)	(P0と同一)	(P0と同一)	
8	Xoffs [23:16]	(P0と同一)	(P0と同一)	(P0と同一)	
9	Xoffs [15:8]	(P0と同一)	(P0と同一)	(P0と同一)	水平画素オフセット
10	Xoffs [7:0]	(P0と同一)	(P0と同一)	(P0と同一)	
11	Ysize [23:16]	(P0と同一)	(P0と同一)	(P0と同一)	
12	Ysize [15:8]	(P0と同一)	(P0と同一)	(P0と同一)	垂直画素数
13	Ysize [7:0]	(P0と同一)	(P0と同一)	(P0と同一)	
14	Yoffs [23:16]	(P0と同一)	(P0と同一)	(P0と同一)	
15	Yoffs [15:8]	(P0と同一)	(P0と同一)	(P0と同一)	垂直画素オフセット
16	Yoffs [7:0]	(P0と同一)	(P0と同一)	(P0と同一)	
17	DsizeL [23:16]	(P0と同一)	(P0と同一)	(P0と同一)	
18	DsizeL [15:8]	(P0と同一)	(P0と同一)	(P0と同一)	1ライン単位のデータワード数
19	DsizeL [7:0]	(P0と同一)	(P0と同一)	(P0と同一)	
20	PixelF [15:8]	(P0と同一)	(P0と同一)	(P0と同一)	ピクセルフォーマット
21	PixelF [7:0]	(P0と同一)	(P0と同一)	(P0と同一)	
22	TapG [15:8]	(P0と同一)	(P0と同一)	(P0と同一)	タップジオメトリ(マルチタップ出力で使用)
23	TapG [7:0]	(P0と同一)	(P0と同一)	(P0と同一)	
24	Flags	(P0と同一)	(P0と同一)	(P0と同一)	映像フラグ(インターレス設定等)

表14　Line Marker(矩形画像の場合)

ワードオフセット	P0	P1	P2	P3	説明
0	K28.3	(P0と同一)	(P0と同一)	(P0と同一)	ストリームマーカの開始コード
1	0x02	(P0と同一)	(P0と同一)	(P0と同一)	Line Markerであることを示すフラグ

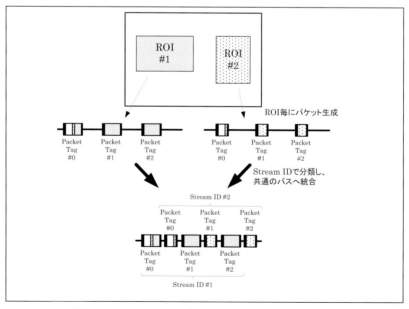

図10　マルチストリーム(2つのROIを出力する場合)

成される。

マルチストリームの切り替えは、パケット単位で行われる。ストリームデータパケットがどのストリームに該当するかは、Stream IDフィールドで識別する(**図10**)。

5. CoaXPressの今後の展望

CoaXPressは非常に新しい規格であるため、2011年現在では対応機器がまだ少ない状況にある。しかし同軸ケーブル1本で6.25Gbpsの高速伝送が実現できるという利点により、今後の普及が見込まれるインタフェイスの1つといえる。

6. CoaXPress規格の入手方法

CoaXPressの規格書は、規格のオーナーであるJIIAのホームページ(http://www.jiia.org/)にて入手できる。ロイヤリティーは不要であり、誰でも自由にダウンロード可能である。

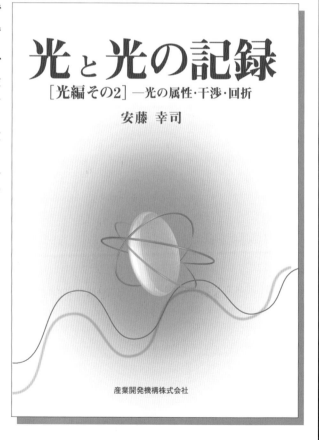

4章
産業用カメラレンズ

画像計測・検査システムを構築するときに、レンズはカメラとともに重要なアイテムである。
ここでは、レンズの基本的な要素と設計指針、一般では馴染みのない光学用語などを解説する。

1. 種類による分類

1.1　汎用レンズ

　近年ではカメラの高画素化が進み、旧来のものではカメラの性能を十分に発揮できなくなってきた。このようなカメラの進化に合わせて、光学メーカでは高画素カメラの性能を発揮できるようにその性能を向上させ、「高解像力」「低ディストーション」に重点を置いて設計された高画素カメラ対応画像処理用レンズが主流になってきた。

1.2　単焦点レンズ

　焦点距離が固定されているレンズである。レンズ構造としては、構成枚数が少ないのでF値が小さい（明るい）、ディストーションの少ないレンズが多い。
　画像計測・検査では、撮影条件を頻繁に変更して使用することはほとんどないので、主にこのタイプが使われる。

1.3　ズームレンズ

　焦点距離を可変することが可能で、このときフォーカスが追随するように設計されているレンズである。単焦点レンズとは逆に、レンズの構成枚数は増えてしまい、F値の大きい（暗い）ものが多い。また、焦点距離を変えることによってディストーションも変化する。したがって、ディストーションの影響を受けるシステムでは、その都度キャリブレーション補正が必要になる。

1.4　可変焦点レンズ

　ズームレンズのように、焦点距離が可変できるレンズであるが、焦点距離を変えたときにフォーカスが追随する機能がないため再調整する必要がある。ズームレンズより構造が簡単になり、F値が小さいものを作りやすい。バリフォーカルレンズともいう。

1.5　特殊用途レンズ
超広角撮影用：

　　魚眼レンズ、フィッシュアイレンズともいう。画角が広いので広範囲を撮影することができるが、周辺部のディストーションが大きいので正確な計測・検査には向かない。大まかなキズや汚れの有無検査程度に使用する。

全周撮影用：

　　パイプなどの管内の壁面検査に使用される。レンズ先端が鉛筆のように尖っており、レンズ先端の周囲を360°観察できる。

2．マウントによる分類

2.1　Cマウント・CSマウント

Cマウント　：FB=17.526mm
CSマウント：FB=12.5mm
　　　　　　※FB：フランジバック（**図1**）

　双方のマウントとも、取付けネジ径：25.4mm、ネジピッチ1-32UNFなので、機械的には同一であるため、ねじ込むことが可能である。しかし、光学的にはフランジバックが約5mm違うため、フォーカスを合わせることができない。

　CマウントカメラにCSマウントレンズ、CSマウントカメラにCマウントレンズの混用は、絶対にしてはならない。

　CSマウントカメラは、フランジ面から12.5mm後方にCCDを配している。一方、Cマウントレンズの型番によっては、フランジ面より後方にレンズが飛び出しているものがある。この組み

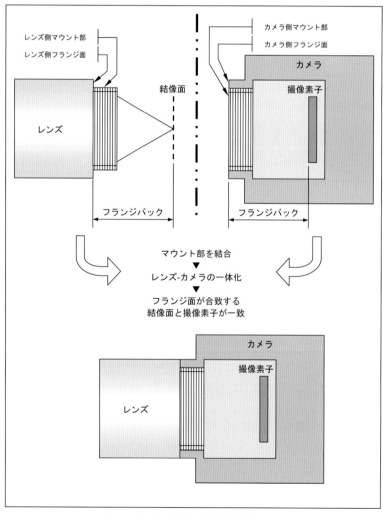

図1　レンズとカメラの組み立て

合わせで装着すると、レンズと撮像素子が物理的に干渉して衝突する可能性があり、このとき、撮像素子やレンズの表面にすりキズがついてしまうので絶対に間違ってはならない。

ただし、CマウントレンズをCSマウントレンズに変換するアダプタを用意することにより、CSマウントカメラに使用することができる。

2.2　一眼レフカメラマウント

Nikon Fマウント　　：46.5mm
PENTAX Kマウント：45.46mm

ラインスキャンカメラやラージフォーマットのエリアカメラなどでは、撮像素子のサイズが大きいので、有効像円が大きな一眼レフカメラ用のレンズのマウントをもつものがある。

一般的に一眼レフ用のマウントは、接合部の周囲に3〜4箇所の爪を有し、カメラ側内爪とレンズ側の外爪を嵌合させて固定する、バヨネット式なので若干のガタがあるので注意する。

2.3　その他のねじ込みマウント

写真の引伸ばし機用レンズやカスタムレンズなどでは、レンズマウントの製作や取り扱いが簡単なこともあって、ねじ込みマウントが使用される。

カメラとレンズのネジの規格が合致してないと、ネジ山を壊すことになるので注意する。

3.　レンズ動作による分類

3.1　前玉フォーカス・全体繰り出しフォーカス

一番前のレンズ、またはレンズ全体が前後してフォーカスを合わせる。このとき、作動距離が変わってしまうと同時に、撮影倍率が大きく変わるのでキャリブレーションをやり直す必要がある。

3.2　インターナルフォーカス

外観上は駆動する部分はないが、レンズ鏡筒内の中間群または後群のレンズが移動して、フォーカスを合わせる機構を有する。このとき

撮影倍率はほとんど変化しないので、いろいろな撮影条件でのテストを繰り返すとき、倍率調整をしながらフォーカスを合わせることが容易にできる。したがって、作業効率を向上させることにも有効である。

3.3　テレセントリック光学系

ノンテレセントリックレンズは、高さがある立体の対象物のときに立体の側面が見えてしまい、計測・検査のときに精度低下などの不都合が生じることが多い。しかし、テレセントリックレンズでは、対象物を平行に観察することにより、立体の側面が見えないので精度を向上させることができる（**図2**）。

3.4　ノンテレセントリックレンズ

一般に使用されるレンズ（**図3**）。

3.5　物体側テレセントリックレンズ

入射瞳が無限遠にあるレンズ（**図4**）。

3.6　像側テレセントリックレンズ

射出瞳が無限遠にあるレンズ（**図5**）。

3.7　両側テレセントリックレンズ

入射瞳と射出瞳の両方が無限遠にあるレンズ。上記の両方の性質をもっている（**図6**）。

平行光を入射すると平行光が射出されるので、焦点距離は無限大になる。

3.8　長所と短所

＜長　所＞

- 作動距離をずらしても対象物の大きさが変わらない。
- 高さのある対象物を、平面状に撮影できる。

＜短　所＞

- 光学系が暗い
- 絞り調節がない
- 視野がレンズの口径で決まる
- 作動距離が固定されている

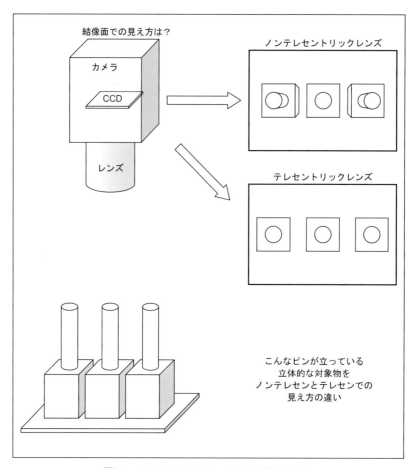

図2 ノンテレセントリックレンズでの見え

4. システム設計

4.1 分解能

検査対象の分解能を検討する。

要求仕様による精度が30μm、使用するツールの1/4Pixelまで計測可能であれば、30/(1/4)＝120［μm/Pixel］の分解能が必要になる。

カメラを640×480画素であれば、視野範囲は76.8×57.6mmとなる。

4.2 焦点距離

図7において、△ABOと△abOは相似形であるので、H：h＝L：fが成り立つ。

したがって、次のとおりとなる。

$$L = f(H/h) \cdots ①$$

分解能の設計において、120［μm/Pixel］としたときについて考える。このとき、使用するカメラの画素サイズが7.4μmであれば、120μmの点像に対しレンズを介して7.4μmに投影することになる。よってH＝120［μm］、h＝7.4［μm］となる。

【例】

このとき、使用するレンズの焦点距離を25mmとして①式にあてはめると、

L＝25×（120/7.4）

=405.4mm

図8において、L＋f＝OL＋FBとなる。

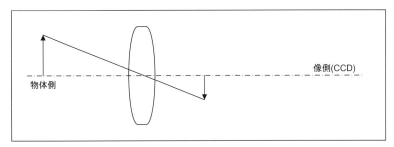

図3　ノンテレセントリックレンズ

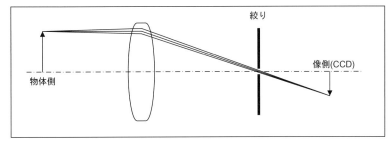

図4　物体側テレセントリックレンズ

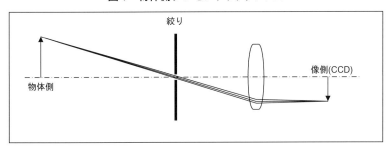

図5　像側テレセントリックレンズ

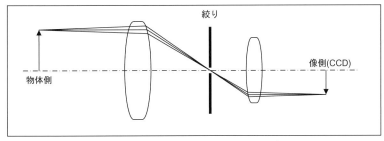

図6　両側テレセントリックレンズ

4章　産業用カメラレンズ

$$OL = (L + f) - FB \cdots ②$$

ここで使用するレンズがCマウントであるので、
FB＝17.5［mm］となる。
OL＝(405.4＋25)－17.5
　＝412.9［mm］

したがって、カメラフランジ面から対象物までの距離は、412.9［mm］となる。

【別のレンズで再計算】

この設計では被写体距離が遠い場合には、レンズの焦点距離を16mmとして再計算すると、

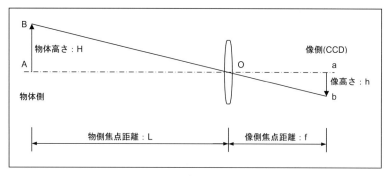

図7　焦点距離

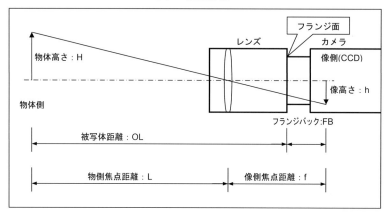

図8　焦点距離と被写体距離

L ＝259.5［mm］
OL＝267.0［mm］
カメラフランジ面から対象物までの距離は、
267.0［mm］となる。

5．アクセサリ

5.1　PLフィルタ

偏光フィルタともいわれる。ガラスや金属表面などの不要な表面反射を除去するために用いる。使用すると光量も減少するので注意する。

5.2　NDフィルタ

減光フィルタともいわれ、レンズに入る光量を減少させるフィルタ。鏡面反射する対象物を観察するとき、照明の調光やレンズの絞りでは充分に減光させることができないときに使用する。ND2、ND4、ND8などの種類があり、ND2で1/2にND4 で1/4に減光される。NDはNeutral Densityの略。

5.3　カラーフィルタ

特定の波長の光線のみを透過させるこができるフィルタ。対象物の色調から特定の色を除去したいときに使用する。RGBの三原色フィルタとしてR60（赤）、G533（緑）、B440（青）が代表的な型番である。

5.4　接写リング

レンズとカメラとの結合部分であるマウントの間に挟み込んで使用し、レンズのフランジバックを長くする。この効果として、最短撮影距離を短くすることができ拡大率を向上させることができる。

6. 用　語

これまで説明した中にでてきた言葉や、基礎的な光学用語について解説する。

• 作動距離

レンズ先端から対象物までの距離。フォーカス調整のときに、レンズ先端が繰り出すレンズでは、調整することによって作動距離が変化するので注意が必要。ワーキングディスタンスともいう。

装置に組み込んだり、サンプル評価などで他人に説明したりするときなど、物理的な距離と位置を規定するためには作動距離ではなく、カメラのフランジ面から対象物までの距離、「フランジ-対物距離」を主とし、作動距離を参考データとして示したほうがよい。

• 至近端・無限端

フォーカス転輪を回転させたとき、レンズに対して対象物が一番近い状態でフォーカス調整ができるときの転輪位置が至近端（Near端ともいう）。逆に対象物が無限遠にあるときにフォーカス調整できるときの転輪位置を無限端（Inf端ともいう）。

• 最短撮影距離

対象物をレンズに近づけたとき、レンズのフォーカス調整によって合わせられる最も近いレンズと対象物の距離。

• 解像力

どれだけ精細なパターンを識別できるかについて、1mmの範囲にある白黒の縞模様のラインペアが何本確認できるかを表したもの。○○[本/mm]という。一般的に、50[本/mm]～250[本/mm]程度である。

類義語として、分解能という用語がある。

• 分解能

どれだけ精細なパターンを識別できるかについて、微細な大きさの点を識別できるかを表したもの。○○μmという。解像力の逆数。一般的に20μm～4μm程度である。

• 有効像円

レンズが結像する円形の範囲のこと。φ○○mmという。撮像素子がこの範囲に入らないと画像の周囲に黒い影が見えるケラレが発生する。イメージサークルともいう。

• 錯乱円

点光源からの光は、レンズを通過するときにわずかに広がりが出て結像面上で結ぶ像は円形になる。この円のことを錯乱円と呼ぶ。フォーカスが合っていないかどうか判断できない最大の大きさをもつ錯乱円のことを許容錯乱円という。一般的に撮像素子の画素サイズがこれに該当する。

• フランジバック

レンズマウントのフランジ面（カメラ-レンズの取付け面）から結像面（撮像素子）までの距離。

• 被写界深度・焦点深度

対象物が前後しても、結像した画像がボケていないと判断できる範囲のことを被写界深度という。

結像面が前後しても、画像がボケていないと判断できる範囲のこと焦点深度という。

よく混同して使われているが、まったく別物なので注意しなければならない（**図9**）。

• ディストーション

レンズを通して撮影された画像に生じる歪みのことをディストーションという（**図10**）。

ディストーションの見え方は、同心円状の等ピッチのパターンをもつ対象物に対して、パターン中心とレンズ中心を合わせて撮影する。このとき、得られた画像は中心から円のピッチが正

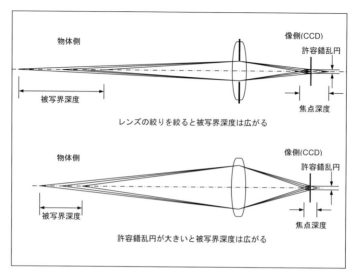

図9　被写界深度と許容錯乱円

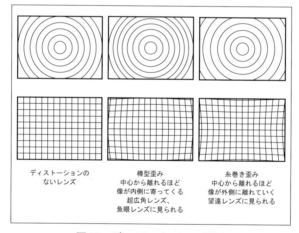

図10　ディストーションの様子

確に再現できれば、ディストーションがないレンズといえる。通常は、中心から離れるほどピッチが狭く／広くなる。これがディストーションであり、この様子を示したものが上段である。

また、これらの3通りの見え方を格子状パターンで再現すると下段のような見え方をする。

• F値

レンズの絞り値。数値が小さいほど明るいレンズ、逆に大きくなるほど暗いレンズである。この数値は、F1.0、1.4、2、2.8、4、5.6、8、11、16、…のように$\sqrt{2}$倍ずつ大きくなる。この数値が1ステップ上がると、像の明るさは1/2になる。Fナンバーともいう。

• 入射瞳

レンズを物体側から覗いたときに観察できる、見かけ上の絞りの位置。

• 射出瞳

レンズを像側から覗いたときに観察できる、見かけ上の絞りの位置。

5章
マシンビジョン関連機器の現状と展望

マシンビジョンにおけるカメラに要求されるもっとも重要なことは何か。高速性か、高解像度か、画質か、利便性か。アナログカメラからデジタルカメラへ移行していく中で、ユーザがカメラに求める要求が多くなり、それにともないカメラ周辺機器も変わってきている。カメラおよびカメラ周辺機器の現状と今後の展望について解説する。

1. カメラを選ぶ

　カメラのデジタル化が進むにつれて、インタフェイスの多様化がもたらされている。

　どのインタフェイスを選ぶのかが問われがちだが、まずは、カメラはカメラ自体の性能で選ぶことが重要である。カメラに使用されているデバイスは何なのか（CCDか、CMOSか）、フレームレートはどのぐらいか、どの程度の解像度が必要なのか。これらの要素が決まったところで、ユーザのシステム環境、使用環境により、カメラのインタフェイスを選んでいく。

　では、カメラ自体の性能がいちばん生かせるインタフェイスは何なのか。そのキーワードは＜Clock＞だと思っている。CMOSの画質の改善や明るさが増し、また、画像処理を行う画像検査装置、または、パソコンのCPU速度が上がっていることにより、マシンビジョンにおいても、10MBを超える高解像度カメラの登場や500フレーム／秒を超える高速カメラが出てきている。これらは＜Clock＞のなせる技である。

　もちろん、デジタルインタフェイスであっても、低速、低解像度のカメラを選択する場合も、＜Clock＞がどの程度なのかを確認しておくことは大切である。

　現在、実用的なデジタルインタフェイスの中で＜Clock＞がもっとも速く、小型化が可能なのはCameraLinkであり、ケーブル長が伸ばせて、ボードレスでシステム価格が下げられるのはGigEである。

　しかし、カメラをマシンビジョンにおける画像センサと位置付けた場合、高解像度、高速性、長いケーブルをラインセンサカメラでも、エリアセンサカメラでも実現できるインタフェイスとしては、CoaXPressに期待するところが大きい。CoaXPressは＜Clock＞とケーブル長、ケーブルの品質とが深い関係にある。

写真提供　株式会社シーアイエス
http://www.ciscorp.co.jp/

2. レンズと照明という光学系

　カメラはカメラだけでは対象物を画像として捉えられない。レンズを装着することにより、はじめてカメラは画像を撮像することができる。また、レンズを付けても、対象物のある場所が真っ暗であれば、画像を撮ることができないため、対象物か、対象物の回りに照明をあてる必要がある。まずは、カメラと対象物の位置を合わせ、カメラの解像度に合ったレンズを選択し、照明を均一にあててみよう。

　レンズはカメラと同じように画像検査の用途、精度などに合わせて、選択しなければならない。

レンズの選択は難しいが、カメラの高解像度化により次々に新しいレンズがリリースされているため、必ず評価して選ぶことが重要である。

　また、画像機器関連メーカが集まったJIIA（日本インダストリアルイメージング協会：http://www.jiia.org/）では、マシンビジョンにおけるカメラインタフェイスや仕様およびレンズ、照明などの規格化を推進する活動を行っている。FA/MV用レンズについて、カタログおよび機器仕様書に記載する仕様項目や表記方法について規定したり、新たなレンズマウント規格（TFLマウント・TFL-IIマウント）の規格化を行っている。今後のカメラの多様化にともない、レンズの今後の指標を示していくにことになるで

写真提供　シーシーエス株式会社
http://www.ccs-inc.co.jp/

写真提供　ペンタックスリコーイメージング株式会社
http://www.pentax.jp/

あろう。

　では、照明はどうか。照明も単に明るければよいということではなく、画像処理に適した明るさ、波長などを見つけることが必要である。理想的には、カメラが撮像できる範囲を均一な明るさで照明をあてることである。そのためには、照明はリング状の物が適している場合、四角い面状の物が適している場合、または、ラインセンサカメラではライン状の物が適している場合がある。現状は、対象物の画像処理の用途に合わせて色も選択でき、寿命も長いLED照明が使われることが多い。

　ワークに合わせた照明の選定は、まずは、見た目での判断となるが、2011年6月にJIIAが作成した照明規格が、マシンビジョン業界においては世界で初めての照明規格として承認された。この照明規格では、照明法やその最適化の設計における基礎事項が盛り込まれている。マシンビジョンにおける照明が、従来のいわゆる照明とは全く異なる役割を担っていることが明確化され、今後のマシンビジョン市場が変わっていく可能性がある。

　カメラのインタフェイスの進化にともない、レンズと照明という離れられない関係はずっと続いていく。今後は、特殊な波長をとらえる画像検査も増えていく可能性があり、フィルタ、レンズ、照明の知識が重要になるであろう。

3. 画像を取り込む

　カメラの中のCCD・CMOSに映っている画像は、カメラインタフェイスを通して、デジタル信号としてパソコンなどで処理ができるデータにしなければならない。

　デジタルインタフェイスは高速化されたデバイス(CCD、CMOS)の性能を生かし、高解像度、高フレームレートの機能をもったカメラの開発を可能とした。デジタルインタフェイスにおいて、パソコンに画像を取り込むために画像入力ボードが必要なインタフェイスは、IEEE1394、CameraLink、PoCL、PoCL-Lite、CoaXPressがあり、不要なインタフェイスは、USB2.0/3.0、GigE(PoEは必要な場合もあり)である。

写真提供　株式会社マイクロ・テクニカ
http://www.microtechnica.co.jp/

システム構築のコストを考えると、画像入力ボードを使わない方がメリットはあるが、マシンビジョンシステムにおいて、画像入力ボードを使用するかどうかは、パソコンに搭載されているインタフェイスを流用できるか、または、そのままでは流用できないかで決まる。しかし、それよりも重要なことは、マシンビジョンシステムにおいては、撮りたい瞬間の画像を確実に捉えることができるカメラインタフェイスなのかどうかである。現状では、画像入力ボードが必要なインタフェイスの方が、確実に画像を捉えることができる。

しかし、画像入力ボードは、カメラの画像データをパソコンに取り込むためだけに必要なのか。画像入力ボードは、いつもカメラの＜Clock＞とパソコンのバスの＜Clock＞との板挟みにある。パソコンの進化も飛躍的に進んでいて、バスのClockもますます上がっているが、カメラの高速化、高解像度化にともない、カメラの画像データをそのままパソコンに転送しても、CPUの能力だけでは画像処理が間に合わないケースが出てきている。現状は、複数台のパソコンを用意し、1台のカメラの画像を個々のパソコンで取り込んで別々の画像処理を行い、最後に結果をとりまとめるという処理を行っている場合もある。または、ひとつの対象物を複数台のカメラで撮像し、その画像データを1台のパソコンの中で画像処理をするという場合もある。

こうしたシステムから見えてくるのは、画像入力ボードに要求される機能が、まだ、あるということである。比較的入手しやすいFPGAを搭載し、ある程度の画像処理機能をもった画像入力ボード、しかも、複数台のカメラ入力に対応したボードが必要とされるであろう。その場合、カメラのインタフェイスは、現在、ボードレスで動作するデジタルインタフェイスも対象となる。

画像処理を行うアプリケーションについては、カメラのデジタルインタフェイスにかかわらず、ユーザがすべて作成する場合、販売されている画像処理ライブラリを使ってソフトウェアを構築する場合とがあるが、ライセンス料が掛かる場合は、ユーザが作るシステム価格の負担になるため、OpenCVなどを使った無償のライブラリを使うユーザも、今後は増えていくことと思われる。

4．ケーブルの重要性

さて、カメラも選んだ。レンズも評価して、照明もしっかり最適な物を選んだ。画像入力ボード、入力装置、パソコンも決まった。では、カメラを手頃なケーブルで接続したら、画像を取り込む準備ができた。画像処理のアプリケーションもできたので、実験を行ったら、何かおかしい・・・ということが時々ある。思っていた画像精度も出ないし、画質もよくない。画像が撮れないこともある。こういう時は、アプリケーションを見直すことも大切だが、1つ1つの機器を確認しながら、必ずケーブルも取り替えてみることが必要である。ケーブルからノイズが入り、思ったような画像が撮れないことがある。

カメラと画像入力ボード、または、パソコンなどをケーブルは繋ぐだけなので、それ程、重要ではないと思うユーザもいると思うが、CameraLinkでも、GigEでも、USBカメラでも、カメラメーカが推奨するケーブルの規格がある。また、マシンビジョン用にケーブル専門メーカとしてケーブルを設計、販売しているメーカもあるため、できれば、ケーブルも気を使って選ぶことをお奨めする。カメラの＜Clock＞はケーブルの長さ、品質と密接な関係にあるためである。

また、カメラのインタフェイスにより、伸ばせるケーブルの長さの規格が決まっているが、リピータを使って延長できる場合やCameraLinkでも、20mまで延長できるケーブルもある。ユーザのシステム環境やカメラの取り付け位置に応じて、L型コネクタを使ったケーブルなど、選択肢も増えている。ロボットに付ける専用ケーブルやケーブルを曲げて取り付け

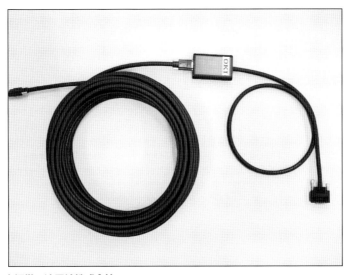

写真提供　沖電線株式会社
http://www.okidensen.co.jp/jp/prod/cable/interface/index_camera.html
http://www.okidensen.co.jp/jp/prod/cable/interface/cleaneye.html

なければならない場合など、ぜひ、ケーブル専門メーカに相談してみることをお奨めする。

5.　今後のマシンビジョン

　カメラがあり、レンズがあり、照明がある。マシンビジョンシステムには、これらは必ず必要である。

　しかし、ユーザが求めるマシンビジョンの形は、画像処理を行う部分をカメラの内部に取り込んだスマートカメラなのか、ハードウェア、ソフトウェアともに完結したユニット型の画像検査装置なのか、または、パソコンや必要な機器を選んでユーザがソフトウェアも構築するのか様々である。今後、どのようなマシンビジョンの形が主流になるのか一概にはいえないが、マシンビジョンのユーザが増えれば増える程、マシンビジョン関連機器は、より簡単に使えることが求められるであろう。マシンビジョンがシステムといわれている現状から、今後は、高機能な画像センサと進化するために、カメラもレンズも照明も、画像入力ボードもケーブルもソフトウェアも、ユーザの手を煩わせないスマートな製品が求められ、開発されていくことと思われる。

用 語 索 引

著者プロフィール

序論 －はじめに－
1章 イメージセンサ

◆藤川 敬文

1974年からラインスキャンカメラを用いたシステム開発を行う。外国製ラインスキャンカメラによる各種製品の寸法測定、欠点検査装置を数多く開発、1975年には国内初のラインセンサを製品化する。1985年に産業用25万画素CCDカメラを製品化、1993年米国企業と共同でプログレッシブカメラの開発に従事し、長期にわたり産業用固体撮像素子カメラに携わる。

映像技術コンサルティング
TEL.090-1951-5434
camera-cons@peace.ocn.ne.jp

2章 カメラの種類
4章 マシンビジョンカメラレンズ

◆浅野 裕一

1991年福井大学大学院工学研究科修了（電気工学専攻）。㈱タムロン入社、レンズ・カメラの制御システムを開発。コグネックス㈱で、米国が担当していたワイヤボンダー向け画像システムの日本法人へ移管を受け、開発マネージャとして全世界向けに開発とサポートを担当。ツール開発や高速化を図るとともに信頼性の向上と管理技術の確立を行った。FA ビジョン㈱を共同設立し、高速画像計測検査システム、ラインスキャンカメラによる大容量画像計測検査システムなどを開発。

FAビジョン株式会社
TEL.048-682-4192　FAX.048-682-4191
asano@fa-vision.com
http://www.fa-vision.com/

3章 インタフェイス
デジタルインタフェイス概要
IEEE1394規格／CoaXPress規格

◆岸 順司

東芝テリー株式会社 マシンビジョン&メディカルイメージング技術部 機器開発担当

1997年前身の東京電子工業㈱に入社。入社後より現在まで、産業用カメラシステム設計に従事。

東芝テリー株式会社
TEL.042-589-7582　FAX.042-589-8774
http://www.toshiba-teli.co.jp/index_j.htm

3章 インタフェイス
CameraLink/PoCL規格／GigE Vision規格／USB 2.0/3.0の比較

◆中曽根 慶継

東芝テリー株式会社 マシンビジョン&メディカルイメージング技術部 機器開発担当

1996年前身の東京電子工業㈱に入社。当初は情報機器関係の業務に携わる。その後、産業用カメラシステム設計に従事。

東芝テリー株式会社
TEL.042-589-7582　FAX.042-589-8774
http://www.toshiba-teli.co.jp/index_j.htm

5章 マシンビジョン関連機器の現状と展望

◆岩田 節子

埼玉大学教育学部を卒業後、1988年に㈱マイクロ・テクニカに入社。画像入力ボード、画像検査システムの営業を担当。2007年度より日本インダストリアルイメージング協会（JIIA）副代表理事に従事。

株式会社マイクロ・テクニカ
TEL.03-3986-3143　FAX.03-3986-2549
http://www.microtechnica.co.jp/

増 刊 号
平成 23 年 12 月 5 日発行
定価 2,000 円（本体 1,905 円）

発行	分部康平
映像情報インダストリアル 編集局	編集：平栗裕規 波並雅広
デザイン・制作	（株）ジン・アート
発行所	産業開発機構（株）

〒 111-0053　東京都台東区浅草橋 2-2-10
カナレビル
TEL： 03-3861-7051 （代）
FAX： 03-5687-7744
E-mail： indus@eizojoho.co.jp
URL= http://www.eizojoho.co.jp/

印刷所　神谷印刷（株）

＝禁無断転載＝
振替　00110-2-14817 番